RAL · NEU 研究报告　No. 0022

液压张力温轧机的研制与应用

轧制技术及连轧自动化国家重点实验室
（东北大学）

北　京
冶 金 工 业 出 版 社
2016

内 容 提 要

本研究报告基于中央高校基本科研业务费资助项目“难变形金属带材张力异步温轧工艺过程及控制模型的研究”课题（N120407005），以及钢铁共性技术协同创新中心“先进冷轧、热处理和涂镀工艺与装备技术”和“先进短流程热轧工艺与装备技术”方向的温轧研究子课题，依托武钢钢铁研究院中试工厂二期项目“四辊冷（温）轧机”、沙钢钢铁研究院冷轧硅钢中试项目“直拉式四辊冷-温实验轧机开发”、宝山钢铁股份有限公司“新增单张直拉式冷（温）轧模拟试验机”项目和重庆科学技术研究院“镁合金专用试验轧机”项目，介绍了液压张力温轧机的关键工艺设备、温轧规程设定模型、自动控制技术的最新研究进展及应用。本研究报告涵盖了液压张力温轧机的轧件加热装置及温度控制模型、轧辊加热装置、液压张力装置及微张力控制、温轧规程设定模型、变形区温度预测模型、厚度软测量及宽展模型、异步轧制技术、镁合金温轧实验等内容。

本书可供从事材料加工工程、轧制工艺与自动化等领域的科研人员、工程技术人员及高等院校相关专业师生学习与参考。

图书在版编目(CIP)数据

液压张力温轧机的研制与应用/轧制技术及连轧自动化国家重点实验室（东北大学）著．—北京：冶金工业出版社，2016.12

（RAL · NEU 研究报告）

ISBN 978-7-5024-7414-0

Ⅰ.①液…　Ⅱ.①轧…　Ⅲ.①温轧—板材轧制—研究报告

Ⅳ.①TG335.1

中国版本图书馆 CIP 数据核字(2016) 第 306645 号

出 版 人　谭学余

地　　址　北京市东城区嵩祝院北巷 39 号　邮编　100009　电话　(010)64027926

网　　址　www.cnmip.com.cn　电子信箱　yjcbs@cnmip.com.cn

策　　划　任静波　责任编辑　卢　敏　美术编辑　彭子赫

版式设计　彭子赫　责任校对　李　娜　责任印制　牛晓波

ISBN 978-7-5024-7414-0

冶金工业出版社出版发行；各地新华书店经销；固安华明印业有限公司印刷

2016 年 12 月第 1 版，2016 年 12 月第 1 次印刷

169mm×239mm；7.75 印张；148 千字；103 页

48.00 元

冶金工业出版社　投稿电话　(010)64027932　投稿信箱　tougao@cnmip.com.cn

冶金工业出版社营销中心　电话　(010)64044283　传真　(010)64027893

冶金书店　地址　北京市东四西大街 46 号(100010)　电话　(010)65289081(兼传真)

冶金工业出版社天猫旗舰店　yjgycbs.tmall.com

（本书如有印装质量问题，本社营销中心负责退换）

研究项目概述

1. 研究项目背景与立题依据

随着材料科学的日益发展，金属板带轧制设备制造水平的不断进步以及自动化控制技术的快速提高，金属材料的产品质量和生产效率得到大幅度提升，尤其是钢铁工业得到迅猛发展。然而，对于那些具有重要用途或拥有良好应用前景的常温下难变形金属材料，因其自身的脆性、加工温度较高、设备工艺要求或防护性等因素，生产效率和应用量仍很难与钢材和铝合金等传统结构材料相比拟。

国内外相关领域的专家学者以及工程技术人员，对常温下难变形金属材料的加工问题进行了大量的研究，其中温轧是难变形金属材料加工的有效方法之一。温轧是针对常温下难变形的金属材料，在冷轧设备基础上，采用特殊手段对轧件进行加热，加热温度在金属的常温组织回复温度与再结晶温度之间，由于温轧时材料的塑性变形能力得到一定的提高，因此能实现较大变形量的轧制。与冷轧相比，温轧时材料容易变形，而且没有热轧的缺点，例如易生成表面氧化层导致表面粗糙，以及尺寸精度较差等。

通常可以采用温轧工艺进行加工的难变形金属有：高硅电工钢（含 Si 约 6.5% 的 Fe-Si 合金）、镁及其合金、钨、钼及其合金，铝含量达到 12%（质量分数）以上的高铝青铜等。其中，高硅电工钢是黑色金属中具有极高应用价值的典型的难变形金属，其室温塑性几乎为零，常温下难以加工。目前只有日本 JFE 公司的化学气相沉积渗硅法（CVD）实现了高硅电工钢薄带的工业化生产，但是该技术存在工艺流程长、环境负担重、生产效率低、成本高等问题。谢建新等人发明了一种采用普通钢材对高硅电工钢进行包套后温轧，剥离包套后对其酸洗并冷轧的方法，制备出了表面光亮、组织均匀的高硅电工钢薄带。C. Bolfarini 等人采用喷射成型以及合金中添加铝的方法，制备出了高硅电工钢薄板，但是该工艺难以实现大规模的工业化生产。刘海涛等人采用了铸轧、热轧、温轧加中间退火的方法制备出高硅钢电工钢薄板，是一种相对高效的高硅电工钢制备技术。镁及其合金是另一种具有广泛应用价值的常温下难变形金属。由于镁合金是密排六方晶体结构，塑性变形能力差，因此通常需在较高温度下成型，温轧是最适合的镁合金薄板生产工艺。

常温下难变形金属材料温轧加工过程的理论研究和工艺开发工作，需要有合适的研究平台。加之我国正处于经济结构转型阶段，钢铁行业面临结构调整、产能过剩、需求降低、价格下跌、节能环保等严峻挑战，各大企业对新材料的开发和工艺优化等研究工作的需求变得迫在眉睫。温轧实验轧机采用物理模拟的方法来模拟和再现现代化轧制过程，将复杂、巨大的车间轧制工艺浓缩到实验设备上，全面而又准确地反映现场生产过程，与工业实验相比，可以大量节省研究开发的时间、物力和财力，对新产品的工艺开发以及优化完善具有重要意义。

传统的温轧实验，对轧件采用离线加热的方法，在温轧实验轧机旁边放置加热炉，将金属片加热至所需温度后，人工夹持轧件送入轧辊进行轧制。这种方法效率低，降温太快而不能获得精确温度参数，不能对轧件施加张力而造成板型及尺寸精度较差。针对常温下难变形金属，实现带张力温轧实验，要求具备两个功能：一是能够对轧件施加张力；二是在轧制过程中轧件能够实现在线加热。为了模拟工业生产的温轧工艺过程，东北大学轧制技术及连轧自动化国家重点实验室（RAL）在液压张力冷轧实验轧机的基础上，增加一套轧件在加热装置，将左、右两个夹钳作为两个电极，采用一个变压器对这两个电极通电，对夹持在左、右夹钳之间的轧件进行在线加热，实现了轧件带张力温轧功能，改造后的实验轧机称为液压张力温轧机。

2. 研究进展与成果

2.1 液压张力温轧机关键技术研究进展及创新点

液压张力温轧机关键技术主要包括：温轧轧制规程设定模型、变形区出口温度数学模型、轧件温度控制技术、轧辊加热及表面温度控制、温轧宽展模型及厚度软测量技术、液压微张力控制技术。

2.1.1 温轧规程设定模型的研究进展

温轧规程设定模型主要包括：轧制数学模型和温度数学模型。通过轧制数学模型设定辊缝、速度和张力，依据温度数学模型设定轧件温度和轧辊温度。

（1）轧制数学模型主要包括：变形抗力模型、摩擦系数模型、轧辊压扁半径模型、轧制力模型、轧制力矩及功率模型、前滑模型、轧机刚度模型和出口厚度计算模型，用于计算薄板温轧规程中的辊缝、速度和张力设定值。

（2）温轧工艺窗口中最关键的工艺参数是变形区温度。温轧依赖于合适的加工工艺和成型参数，以镁合金为例，温轧时需要严格控制变形区温度，当温度偏低时，轧件在轧制过程中易产生边部裂纹，可是能获得最佳镁制品力学性能的变形区温度范围很窄，且与产生轧制裂纹的温度区间接近。由于温轧时变形区温度不易测量，综合研究了轧件温度、轧辊温度、轧制速度、压下率和轧件厚度 5 个工艺参数对变形区温度的影响规律，建立了变形区出口温度数学模型，为轧件温度和轧辊温度参数设定提供了依据。

2.1.2 轧件温度及轧辊温度控制技术的研究进展

（1）液压张力温轧机的轧件温度控制技术主要包括：轧件在线加热、温度控制器、接触式测温仪。

轧件在线加热采用在线电阻直接加热方式，方法有两种：单变压器加热和双变压器加热。单变压器加热方法优点是加热时温轧机辊缝可以打开，缺点是只能在温轧机停车后对轧件加热，无法在轧制过程中对其加热，不利于保证金属薄板的温度均匀性。双变压器加热方法要求温轧机辊缝始终闭合，分别对轧件在左夹钳和轧辊之间的部分、右夹钳和轧辊之间的部分单独加热，能够满足轧件在轧制过程中时刻保持在线加热状态。

温度控制采用前馈和反馈相结合的温度控制技术，可以保证轧件的加热速度和精度。当采用双变压器加热时，能够在轧制过程中进行补温，提高了轧件的温度均匀性。

为保证温度测量精度，开发了接触式测温仪对轧件表面直接测温，解决了因轧件黑度系数随温度变化剧烈波动导致的红外测温仪失真的难题。

（2）轧辊在线加热技术。温轧机采用轧辊加热技术改善薄板温轧过程中轧辊对变形区温度造成的剧烈温降，轧辊加热通常有三种方式：表面感应加热、芯部热油加热和表面火焰加热。通过试验比较发现，轧辊芯部热油加热方式由于蓄热能力强、轧辊温度稳定、造价低、维护简单，是最适合于液压张力温轧机的轧辊加热方式。

2.1.3 温轧宽展模型及厚度软测量技术的研究进展

液压张力温轧机上无法安装测厚仪，这是由设备结构特点决定的，厚度软测量技术解决了厚度监控的难题。已知原料厚度，根据体积不变原则，通过张力液压缸的位移传感器测量轧件在轧机入口和出口的长度，考虑每道次宽展的情况下，可以精确计算各道次轧件的出口厚度。薄板温轧的宽展与传统的热轧和冷轧不同，是个不可忽略的因素，综合研究压下率、温度、张力对宽展的影响规律，开发了薄板温轧宽展模型，提高了厚度软测量精度。

2.1.4 液压微张力控制技术的研究进展

液压张力温轧机的张力采用张力液压缸进行控制，液压缸内置位移传感器，通过张力液压缸调整轧件位置和实现张力闭环控制，张力控制系统经历了三次升级。

（1）第一阶段：采用油压传感器测量张力，通过安装在液压站内的比例溢流阀控制张力液压缸的油压，间接控制张力；位置点动控制采用电磁阀。这种方式位置闭环无法实现，因此定位精度低。张力测量采用油压无法真实的测量出轧制过程中瞬时的张力波动，因此容易发生失张和断带现象。

（2）第二阶段：采用伺服阀控制液压张力缸的位置和张力，实现了位置闭环和张力闭环控制，控制精度得到大幅提高，尤其是采用了张力计直接测量张力，张力控制效果得到了极大改善。这种方式依赖于前滑和后滑的计算精度，受伺服阀零漂的影响较大。

（3）第三阶段：采用伺服阀进行位置闭环控制，通过比例减压阀和比例溢流阀实现张力闭环控制，实现了液压张力广域控制（1～50kN），具备了小于2kN的微张力控制功能，能够满足高硅钢和镁合金等脆性金属的温轧要求。

2.2 技术研发历程及推广应用

冷轧实验通常采用小型单机架卷取式冷轧机，做一次试验要用一个钢卷，取样时剪几片就够用，而且有些试验用料来自小炉冶炼，热轧后是单张板而不是成品卷，单片金属怎么做带张力的冷轧试验呢？课题组的科研人员决定换一种思路：拆除左、右卷取机，在冷轧机左、右两侧分别安装一个张力液压缸，采用液压钳口夹持轧件，控制张力液压缸的速度和压力对轧件施加张力，实现单片试样带张力轧制，如图1所示。

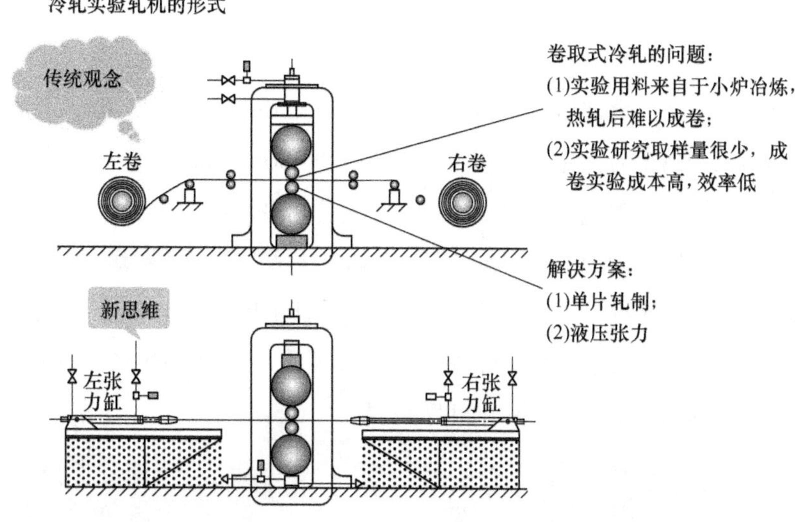

图1 新思维：液压张力冷轧机的初创

2005年，RAL完成了250mm液压张力冷轧机的改造，如图2所示。采用油压传感器测量张力，通过安装在液压站内的比例溢流阀控制张力液压缸的油压间接控制张力，位置点动控制采用电磁阀，实现了单片金属带张力轧制。这种新型的实验轧机很快就受到了各企业技术研发部门的青睐。

2006 年，以 RAL 液压张力冷轧机为原型，为上钢一厂成功建设了一套 450mm 液压张力冷轧机，实现了首台液压张力冷轧机的推广，至今设备运行良好。

a

b

图 2　RAL 液压张力冷轧机改造

a—改造前；b—改造后

2009 年，RAL 为鞍钢技术中心建成一套 450mm 液压张力冷轧机（见图 3）。2010 年，RAL 为太钢技术中心建成一套 450mm 液压张力冷轧机（见图 4）。2011 年，RAL 为包钢技术中心建成一套 450mm 液压张力冷轧机（见图 5）。2012 年，RAL 为河北钢铁研究院中试工厂建成一套 450mm 液压张力冷轧机（见图 6）。这种实验轧机为企业节约了研发成本、缩短了研发周期、避免了科研开发和生产过程中的盲目性，切实解决了科研和生产中遇到的难题，为提升企业的核心竞争力做出了重要贡献。

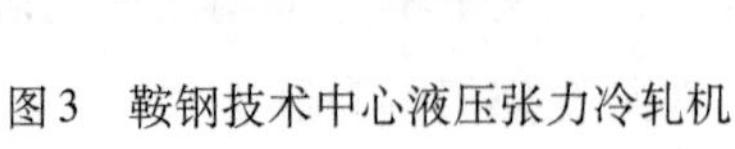

图 3　鞍钢技术中心液压张力冷轧机

图 4　太钢技术中心液压张力冷轧机

图 5　包钢技术中心液压张力冷轧机

图 6　河北钢铁研究院液压张力冷轧机

问题是创新的原点。高硅电工钢具有极高的应用价值，目前只有日本 JFE 公司的化学气相沉积渗硅法（CVD）实现了高硅电工钢薄带的工业化生产，但是该技术存在工艺流程长、环境负担重、生产效率低、成本高等问题，因此科研人员一直在尝试采用轧制的方法制备高硅电工钢薄板。众所周知，提高轧件温度可以改善塑性，利于轧制，因此 2011 年，课题组人员对液压张力冷轧机进行了第二阶段的温轧功能改造，如图 7 所示：在两个钳口之间通低电压大电流，对金属轧件进行在线电加热，可以实现单片试样带张力温轧实验，这种实验轧机被称为液压张力温轧机。

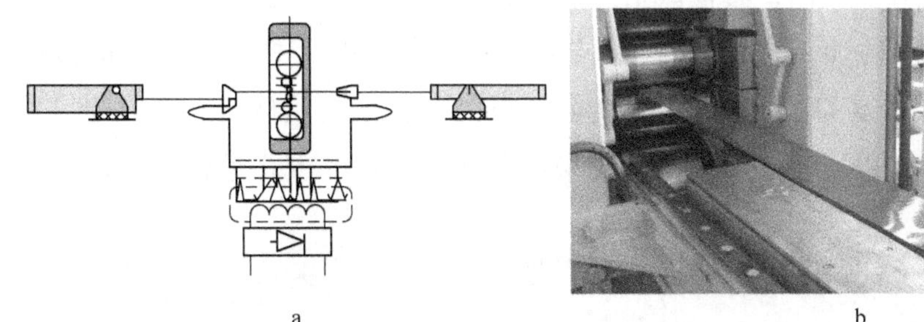

a　　　　b

图 7　液压张力冷温轧机

a—工作原理；b—温轧过程

目前，RAL 研制的液压张力温轧机也获得了很好的推广应用：

（1）2012 年，RAL 为武钢研究院成功建设了一套 250mm 液压张力温轧机（见图 8），采用双变压器进行轧件加热，主要用于冷轧碳钢、硅钢和低合金钢等产品开发和工艺研究，实现了首台液压张力温轧机的推广。

（2）2013 年，RAL 为沙钢研究院成功建设了一套 250mm 液压张力温轧机（见图 9），采用单变压器进行轧件加热，主要用于冷轧碳钢、硅钢（Si≤4%）和不锈钢等产品的开发和工艺研究。

图 8 武钢研究院液压张力温轧机

图 9 沙钢研究院液压张力温轧机

（3）2014 年，RAL 为宝钢研究院成功建设了一套 350mm 液压张力温轧机（见图 10），主要用于冷轧碳钢、高硅钢、高强钢、精冲钢和镁合金等产品开发和工艺研究。采用单、双变压器可切换的方式进行轧件加热；轧辊采用电磁感应方式进行表面加热；首次采用接触式测温仪进行轧件测温；双电机传动可实现异步轧制；具备微张力控制功能。

（4）2015 年，RAL 为重庆科学技术研究院成功建设了一套 250mm 液压张力温轧机（见图 11），主要用于镁合金板的温轧工艺及材料性能研究。采用单变压器方式进行轧件加热；轧辊采用芯部通热油的方式进行加热；接触

图 10 宝钢研究院液压张力温轧机

图 11 重庆科学技术研究院液压张力温轧机

式测温仪进行轧件测温；可更换传动齿轮实现异步轧制；具备微张力控制功能。

相对于生产设备，液压张力温轧机省去了诸多复杂的辅助设备，既大大地减少了投资又方便地取得科研样品及数据，可解决实际生产中所存在的一些不便于直接在生产轧机上进行实验研究的问题，为相关技术的开发、材料性能的提高创造了优良条件。

3. 论文、专利及获奖

论文：

（1）花福安，李建平，赵志国，王国栋．冷轧薄板轧件电阻加热过程分析[J]．东北大学学报（自然科学版），2007，28(9)：1278～1281.

（2）Zhang Dianhua，Zhang Hao，Sun Tao，Li Xu. Monitor automatic gauge control strategy with a Smith predictor for steel strip rolling [J]. Journal of University of Science and Technology Beijing，2008，5(6)：827～832.

（3）Sun Tao，Wang Jun，Liu Xianghua. A method to improve the precision of hydraulic roll gap [C]. The 5th International Symposium on Advanced Structural Steels and New Rolling Technologies，2008：707～711.

（4）孙涛，牛文勇，张殿华，程立英．快速高精度电动辊缝控制技术的研究与应用[J]．材料与冶金学报，2009，8(3)：205～208.

（5）Wang Wenle，Li Jianping，Hua Fuan，Liu Xianghua. Application of self-learning to heating process control of simulated continuous annealing [J]. Journal of Iron and Steel Research (International)，2010，17(6)：27～31.

（6）孙涛，王贵桥，吴岩，张宏．直拉式可逆冷轧实验轧机张力控制技术[J]．东北大学学报（自然科学版），2012，33(4)：529～530.

（7）Li Jianping，Sun Tao，Niu Wenyong，Zhang Chunyu. Flow control of servo valves for tension cylinders based on speed feedforward[C]. Proceedings of the 31st Chinese Control Conference，2012，7615～7618.

（8）张浩宇，孙杰，张殿华，曹建钊．基于流量预估的直拉式冷轧机液压张力控制策略[J]．材料与冶金学报，2013，12(4)：283～288.

（9）孙涛，李建平，王贵桥，吴志强．液压张力温轧实验轧机薄带在线加热温度控制[J]．东北大学学报（自然科学版），2016，37(10)：1398～1402.

（10）矫志杰，孙涛，李建平．难变形材料轧制实验机开发及实验研究[J]．东北大学学报（自然科学版），2016.

专利：

（1）孙涛，李建平，张强．一种用于测量液压张力温轧机轧件温度的测温装置及方法（发明专利-授权），2016，中国，201410312998.9.

（2）孙涛，花福安，李建平，牛文勇．一种液压张力温轧机的轧件加热方法（发明专利-授权），2016，中国，201410353048.0.

（3）孙涛，王贵桥，李建平，牛文勇．一种液压张力温轧机微张力控制系统及方法（发明专利-授权），2016，中国，201510179687.4.

（4）李建平，孙涛，牛文勇，王贵桥，花福安，邹杰．基于速度前馈的直拉式冷轧机张力控制方法（发明专利-授权），2013，中国，201210048625.6.

（5）矫志杰，李建平，张福波，王黎筠，刘相华，王国栋．直拉式冷轧实验机组带钢厚度间接测量方法（发明专利-授权），2012，中国，200810011099.X.

（6）王贵桥，李建平，高扬，张福波，孙涛，孙杰，牛文勇，邹杰，吴岩，花福安，吴迪，王国栋．一种直拉式冷轧实验机液压张力控制系统及方法（实用新型专利-授权），2016，中国，201510105358.5.

（7）李建平，孙涛，花福安，牛文勇，王贵桥．一种液压张力温轧机（发明专利-实审），2014，中国，201410310270.2.

（8）孙涛，杨红，李建平，花福安，张春宇，张俊潇．一种液压张力温轧机金属轧件温度控制方法（发明专利-实审），2015，中国，201510835132.0.

（9）李建平，刘振宇，孙涛，矫志杰，牛文勇，曹光明．一种高硅钢的轧制装置及其方法（发明专利-实审），2016，中国，201610013430.6.

（10）牛文勇，孙涛，矫志杰，李建平，甄立东，唐庸．一种高硅钢的卷取式温轧装置及其方法（发明专利-实审），2016，中国，201610013104.5.

科研获奖：

（1）现代轧制技术、装备和产品研发创新平台 . 2012，国家科技进步奖二等奖。

（2）高品质硅钢生产工艺研究装备开发及应用 . 2012，辽宁省科学技术奖二等奖。

4. 项目完成人员

主要完成人员	技术职称	单　　位
李建平	教授	东北大学 RAL 国家重点实验室
孙　涛	讲师	东北大学 RAL 国家重点实验室
牛文勇	高工	东北大学 RAL 国家重点实验室
王贵桥	讲师	东北大学 RAL 国家重点实验室
矫志杰	副教授	东北大学 RAL 国家重点实验室
花福安	副教授	东北大学 RAL 国家重点实验室
杨　红	高工	东北大学 RAL 国家重点实验室
甄立东	高工	东北大学 RAL 国家重点实验室
高　扬	讲师	东北大学 RAL 国家重点实验室
王向红	高工	东北大学 RAL 国家重点实验室
王黎筠	高工	东北大学 RAL 国家重点实验室
吴　岩	工程师	东北大学 RAL 国家重点实验室
张春宇	工程师	东北大学 RAL 国家重点实验室
朱庆贺	工程师	东北大学 RAL 国家重点实验室
张泽瑞	工程师	东北大学 RAL 国家重点实验室
张　强	工程师	东北大学 RAL 国家重点实验室
唐　庸	硕士研究生	东北大学 RAL 国家重点实验室
张俊潇	硕士研究生	东北大学 RAL 国家重点实验室
许　征	硕士研究生	东北大学 RAL 国家重点实验室
郝志强	硕士研究生	东北大学 RAL 国家重点实验室

5. 报告执笔人

孙涛、李建平、矫志杰、王贵桥、牛文勇、唐庸。

6. 致谢

具有自主知识产权的液压张力冷轧机和温轧机成套装备与工艺技术，在开发与工程实践过程中得到了相关企业和研究院所的鼎力支持与帮助。特别感谢上钢一厂为第一套液压张力冷轧机的推广应用提供了良好的中试平台，感谢鞍钢技术中心、太钢技术中心、包钢技术中心和河北钢铁研究院对液压张力冷轧机的技术发展与应用给予的大力支持。感谢武钢研究院为第一套液压张力温轧机的推广应用提供了良好的中试平台，感谢沙钢研究院、宝钢研究院、重庆科学技术研究院对液压张力温轧机的技术发展与应用给予的大力支持和帮助。感谢各级领导、行业专家和广大技术人员对项目的成功实施给予的大力支持和帮助。同时，对国家科技部、辽宁省科技部等政府部门给予的支持，特此表示谢意！

目　　录

摘　　要

为了能够迅速、经济而又准确地考察不同轧制工艺参数和轧制过程对最终产品性能的影响，工艺开发人员需要拥有快捷、方便、灵活、精确的开发工具，并且产品开发人员为了选择最佳的工艺，也要有同样的需求。在生产线上进行这些实验和研究是非常不经济的，而且在一定程度上也是行不通的，因为在实际生产线上进行实验需要耗费上百吨的材料，并且还要冒着报废的风险。但在实验室进行研究，就可以通过利用模拟工业生产线相关工艺参数的实验设备，对小规格轧件进行实验，进而可得到同样结果，并且实验成本低。

常温下难变形金属材料温轧加工过程的理论研究和工艺开发具有重要意义，需要合适的温轧实验研究开发平台。为此，我们发明设计了液压张力温轧机，这种实验机采用单片金属试样，可以方便、快速、灵活而又十分精确地进行温轧工艺实验，同时大大降低了成本，并且在一定情况下，工业实际生产线上无法测量的一些数据也可以在实验机上得到。在液压张力温轧机上已经进行了单张镁合金、高硅钢、精冲钢、高强钢等金属材料的带张力温轧实验研究。其核心功能主要包括：

（1）在线电阻加热及轧件温度控制。采用单变压器或双变压器两种加热装置，对单片金属带材施加低电压、大电流进行加热；温度控制器包括前馈和反馈两部分，前馈控制器根据轧件的材料属性及尺寸、设定升温速率、设定温度、环境温度等参数综合计算轧件加热时的电功率，根据薄板电阻加热的瞬态热平衡方程，提前给出控制量，提高了温度控制的响应速度和精度；反馈控制器采用 PID 控制，采用接触式测温仪精确测量轧件的温度，实现了高精度轧件温度闭环控制。

（2）液压张力温轧机经历了三次升级改造：比例溢流阀控制张力、伺服阀控制张力、伺服阀 + 比例减压阀 + 比例溢流阀控制张力，使温轧机具备了广域张力控制功能，可实现从 1kN 到 50kN 的高精度张力控制。在小于 2kN 的微张力控制方面取得突破性进展，可实现厚度小于 0.35mm 的镁合金薄板温轧，厚度小于 0.05mm 的硅钢极薄板温轧，以及金属薄板的叠轧和复合轧制。

(3) 开发了温轧轧制规程设定模型，包括：变形抗力模型、摩擦系数模型、轧辊压扁半径模型、轧制力模型、轧制力矩及功率模型、前滑模型、轧机刚度模型和出口厚度计算模型，用于计算薄板温轧规程中的辊缝、轧制速度、入口张力和出口张力设定值。通过研究轧辊温度、轧件温度、轧制速度、压下率和轧件厚度等工艺参数对变形区温度的影响，开发了变形区出口温度数学模型，用于计算轧件加热温度和轧辊表面温度的设定值。

(4) 厚度软测量技术。受限于液压张力温轧机的设备布局，无法安装测厚仪，开发了厚度软测量技术用于厚度监控，该技术的关键参数是温轧过程中每道次的宽展量。薄板温轧中的宽展是个不可忽略的因素，温度的升高，压下率的加大，都会使轧件的宽展增加，实验发现薄板温轧宽展量比常规热轧的宽展模型计算值大很多。综合研究了温度、压下率、摩擦系数对薄板温轧宽展的影响，开发了温轧宽展量计算模型，提高了厚度软测量精度。

(5) 异步轧制对晶粒细化有较大作用，同时在减小轧制力和减薄轧制方面也有显著表现。因此，液压张力温轧机还考虑了异步轧制功能，具备双电机异步轧制和更换齿轮异步轧制两种形式。

关键词：难变形金属；温轧；液压张力；在线加热；轧辊加热；变形区温度；软测量

1 温轧工艺、关键设备及功能

我国钢铁工业在取得了举世瞩目成就的同时，也面临着很多问题，如高端技术、高端产品和先进生产装备长期依赖进口，缺少自主创新；产品结构不合理，同质化问题突出，钢铁生产资源消耗大、环境污染严重、成本高等。产生上述问题的一个重要原因是钢铁企业的自主研发能力薄弱，创新能力不强。尤其是用于工艺、装备研究和产品开发的实验设备非常落后，严重制约了企业的自主研发能力。缺少实验研究设备是我国钢铁行业的共性问题。轧制技术、装备和产品研发创新平台是集轧制工艺、中试理论、数据分析、数学模型、自动化控制和推广应用等集成化中试研究技术的结合，是衡量一个国家钢铁生产水平和科技研发能力的重要标志。

液压张力温轧机是轧制技术、装备和产品研发创新平台的重要组成部分，可以实现单张薄板带张力温轧和冷轧实验研究。采用液压张力温轧机模拟实际生产的工艺流程，能够更快速、更准确、更灵活、更经济地开发新产品和新工艺。

1.1 温轧工艺

温轧是在金属或合金常温组织发生回复的温度以上，再结晶温度以下的温度范围内进行轧制的一种介于冷轧和热轧之间的轧制工艺。由于温轧时材料的加工硬化得到一定的回复，与冷轧相比，材料的屈服强度低、塑性高，同时温轧制品的表面光洁度和尺寸精度要比热轧的好，特别是对于高硅钢、高强度合金钢、镁合金和镍基合金等难变形材料的加工过程，一般都需要采用温轧加工的形式完成。在生产实践中采用温轧工艺的主要目的有两个：一是改善难变形金属材料的加工性能；二是提高产品的使用性能。

1.1.1 国内外现状

温轧工艺最初被称为铁素体轧制，是由比利时钢铁研究中心于20世纪90年代初开发成功的。其最初的设计思想是为了简化工艺、节约能源，力图通过在铁素体区进行轧制，生产一种可直接使用或供随后冷轧生产的质软、价格便宜、非时效的热轧板材。温轧工艺在传统流程生产线上已经成功实现，并且在国内外一些典型的知名短流程线上也有试制的报道。早在20世纪70年代，Appell首先研究了几种碳钢在铁素体区轧制的可控性，Hayashi等人进行了铁素体区轧制工艺生产出深冲钢板的实验；到了90年代初，比利时的Cockerill首次将铁素体区间轧制工艺用于实际生产，1994年采用铁素体轧制工艺工业化生产出的带钢已达每年60万吨；美国LTV钢公司于1993年开始进行了铁素体区热轧工业试验并取得了成功。意大利Arvedi钢公司的薄板坯连铸连轧机组采用铁素体轧制工艺同样取得了成功，其生产出的超薄热轧板卷具有与传统冷轧退火产品相当的组织和性能；其他企业，如墨西哥的HYLSA、德国的TKS和EKO、泰国的NSM等企业，也都已纷纷采用铁素体轧制工艺进行生产，并取得良好的经济效益。

国内目前只有宝钢2050mm热连轧机组采用了铁素体轧制工艺，其主要用于生产IF钢；唐钢也探索了在薄板连铸连轧生产线上进行铁素体轧制的可能性；攀钢进行了铁素体轧制工艺试验研究。但是这些钢厂都没有形成批量生产。然而随着薄板坯连铸连轧技术这些年的迅猛发展，为铁素体轧制工艺的应用提供了便利条件，所以近十年来建成的30多条薄板坯连铸连轧生产线中，已有部分采用了铁素体轧制工艺。特别是近年来建成的或在建的第二代的薄板坯连铸连轧生产线，纷纷都采用或预留了铁素体区轧制工艺，如我国马钢和涟钢的CSP机组、唐钢的FTSR机组等；以及国外荷兰CORUS的DSP机组、德国TKS的CSP机组、埃及EHI的FTSR机组等。

东北大学RAL采用中温轧制工艺轧制不锈钢复铝板，实验结果表明，在小变形条件下，不锈钢和铝复合界面的结合良好，而且能显著降低复合过程中不锈钢的变形率分配，进而改善复合板的深加工性能；北京科技大学新金属材料国家重点实验室，采用热处理与温轧相结合的方式轧制Fe_3Si基合金，能够使其塑性得到很大提高；武汉钢铁（集团）公司研制的冷轧/温轧两用硅钢轧制油，为温轧生产高牌号硅钢片提供了可靠的保障。

1.1.2 典型材料

轧件在温轧工艺过程中，金属的变形抗力比冷轧低，能量消耗少，金属的塑性大。所以温轧适用于加工一些在常温条件下塑性低、变形抗力大、屈服强度高、不适宜采用冷轧工艺的金属材料，也常常用来加工那些虽能冷轧，但生产效率低、轧程多、能耗大的金属材料。

例如，镁合金的轧制。镁合金是典型的密排六方晶体结构，在室温下仅仅有一个滑移面，在这个滑移面上只有三个密排方向，即有三个滑移系。因此，在室温下，镁合金的塑性非常低，冷轧镁合金道次变形量一般约为5%，总的变形量约为25%。当进一步增加变形量时就出现非常严重的边裂和裂纹，这说明在冷轧镁合金板材时的累计压下率不能过大，一般只有25%。而且采用冷轧方式轧制镁合金时生产效率低下，能源消耗大，边裂严重或导致无法生产。但是当使用温轧工艺时，即当变形区温度达到230℃时，激活了高温滑移面（棱柱面），镁合金的塑性大大改善，每道次压下率可以达到20%～30%，总变形量可以高达80%～90%，可以轧制出薄规格的镁合金板带材。

另外一些金属材料的温加工性能如下：

（1）W18Cr4V高速钢带，经热轧之后退火，在室温下进行冷轧，易产生较严重的断裂。可是把退火后的钢带在约150℃条件下进行温轧时，断裂的情况基本消除，仅有不严重的边裂。

（2）轴承扁钢GCr15轧制变形过程中不能破坏材料的球化组织，采用中频感应加热方式进行中温轧制，可以保持钢的完好球化组织并降低变形抗力。

（3）高硅钢带材冷轧时，经常出现边裂和断带现象，采用温轧可以有效提高硅钢产品质量。例如，将硅钢带材加热到200～300℃并经过适当温度均匀化处理后进入轧机进行温轧，其塑性金属组织有显著提高。

（4）对于深冲板原料BIF2钢，如果在非结晶铁素体区进行强润滑轧制，可以避免在热轧期间产生不利于深冲性能的<110>//ND剪切织构，同时生成有利于深冲性能的 <111>//ND 织构。非结晶铁素体区属于温轧温度范围。

（5）高速钢丝的拉拔生产过程中，温加工也具有明显的优点。例如：在 W18Cr4V 钢的盘条拔至 ϕ4.8mm 时，预热到 280~320℃，可减少拔断现象，并省略 2~3 次中间退火和酸洗。

在温轧实验轧机的研究开发方面，国内外的发展还是比较缓慢的，国外的奥钢联、达涅利、西马克等公司并没有推出商业化的产品。而东北大学 RAL 是国内较早进行温轧模拟设备研制的单位之一，RAL 最先研制的温轧实验轧机采用了离线加热设备对单片带钢进行加热，具备不带张力的单片手动低温轧制功能，离线加热设备最高加热温度为 500℃。显然，这类实验轧机是无法满足我们所需要的温轧要求的。首先，它无法进行温轧在线加热，温度控制精度无法保证，离线加热设备所能达到的最高温度为 500℃，无法达到一些材料的温轧温度；其次，它只能进行手动轧制，无法保证轧制规程的精度要求，而且手动轧制操作也存在着很大的危险性。

2011 年，RAL 根据企业新产品开发的要求，综合分析国内外冷温轧实验轧机的优缺点，在液压张力机的基础上进行改造，增加了轧件在线加热、轧辊加热、厚度软测量、微张力控制等功能，研制出了新型的液压张力温轧机。该设备采用 RAL 独创的轧件在线电阻加热技术对单片带钢进行温度控制，使该轧机具备单片轧件带张力温轧功能，可以进行手动调节和自动恒温控制，电阻加热设备对特定金属带材最高加热温度可以达到 800℃；同时采用液压自动夹持锁紧装置确保左右张力夹持钳口对不同厚度单片轧件和不同张力作用下的可靠性，既能保证轧件板形又能模拟现场的张力控制，适合常温下难变形金属带材的产品开发和工艺研究。该设备具有操作方便、安全、结构简单、功能全面、系统模块化和自动化程度高等优点，同时该设备具有全面、真实、可靠的数据记录和数据处理系统。

1.2 关键设备及功能

液压张力温轧机的主体设备是四辊轧机和液压张力装置，其他的关键辅助设备有：轧件在线加热装置、接触式测温仪、轧辊加热装置、自动化控制系统。其主要性能和特点概述如下：

（1）主要用于镁合金、高硅钢、高强钢、精冲钢等难变形金属材料薄板带张力冷加工和温加工，同时兼顾其他金属材料的轧制。

（2）采用液压缸对单片轧件施加张力，具有全液压辊缝控制功能，保证单道次大压下和极薄带材轧制实验研究。

（3）采用单变压器或双变压器对轧件实施低电压、大电流的在线电阻加热，使该轧机具备单片轧件带张力温轧功能，可以进行手动调节和自动恒温控制，加热设备最高加热温度可达800℃。

（4）采用支撑辊或工作辊传动方式，通过改变上、下辊主电机转速，或更换齿轮箱传动比而获得同步/异步轧制功能，具有单片轧件带张力冷/温可逆轧制和同步、异步轧制能力。

（5）根据工艺需要，在不破坏辊身强度的条件下，通过内通导热油或外设感应加热装置对轧辊进行加热。

（6）采用液压锁紧装置，确保左右张力夹持钳口对不同厚度单片轧件和不同张力作用下轧制工艺过程的可靠性。

（7）具有辊缝、轧制力、前后张力、出口厚度、前后带材表面温度等工艺参数在线检测功能，适应工艺开发和实验研究的需要，并具备数据监控、显示、记录、打印、故障报警等功能和界面。

四辊轧机是大家比较熟悉的，下面介绍一下其他设备及其功能。

1.2.1 在线电阻加热装置及轧件温度控制

如图1-1所示，液压张力温轧机轧件在线电阻加热方法有两种：单变压器加热和双变压器加热。

（1）单变压器加热方法。设备布置如图1-1a所示，加热装置包括：可控硅、变压器和连接电缆。可控硅的输出端与变压器的主侧相接，变压器的副侧通过导电铜排和张力装置的液压夹钳的钳口相接，与夹持在两个液压夹钳钳口之间的轧件形成导电回路。液压夹钳与张力液压缸之间及液压夹钳与滑轨之间分别设置绝缘垫，张力液压缸采用绝缘胶管进出油。PLC根据轧件温度检测信号，控制可控硅对变压器的输入电压进行调整，完成轧件加热温度的闭环控制。单变压器加热的工作原理是将夹持在左右夹钳之间的轧件两端作为电极，采用一个变压器对这两个电极通低电压大电流，以轧件为电阻进行电加热。

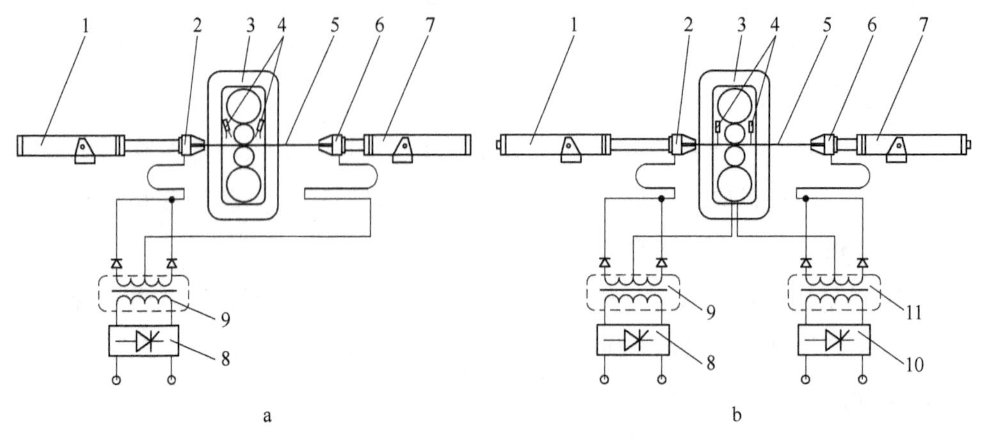

图 1-1 液压张力温轧机设备布置图

a—单变压器加热；b—双变压器加热

1—左张力液压缸；2—左液压夹钳；3—轧机；4—测温仪；5—轧件；6—右液压夹钳；7—右张力液压缸；8—左可控硅；9—左变压器；10—右可控硅；11—右变压器

单变压器加热方法优点是加热时温轧机辊缝可以打开，缺点是只能在温轧机停车后对轧件加热，无法在轧制过程中对其加热，不利于保证金属薄板的温度均匀性。原因是轧制过程中温轧机出口侧部分的轧件厚度，要小于温轧机入口侧部分的轧件厚度。由于轧件厚度越小电阻越大，如果对左右夹钳通电，最终得到加热的部分则会是轧件的温轧机出口侧部分，即无效加热，而真正需要加热的部分应该是温轧机入口侧部分。当轧件一道次轧制完成后，温轧机停车，此时轧件的有效变形区厚度一致，通电加热是有效的。

（2）双变压器加热方法。设备布置如图 1-1b 所示，其原理是在轧辊末端安装导电装置（见图 1-2），将轧辊作为一个电极，左、右夹钳作为另外两个电极，采用两个变压器在左夹钳和轧辊之间、右夹钳和轧辊之间形成两个独立的回路，分别对轧件在左夹钳和轧辊之间的部分、右夹钳和轧辊之间的部分单独加热，且这两部分可实现单独温度闭环控制，能够满足轧件在轧制过程中时刻保持在线加热状态。这种方法要求温轧机辊缝始终闭合，对轧件保持一定的压力使轧辊和轧件充分接触，用于导电。

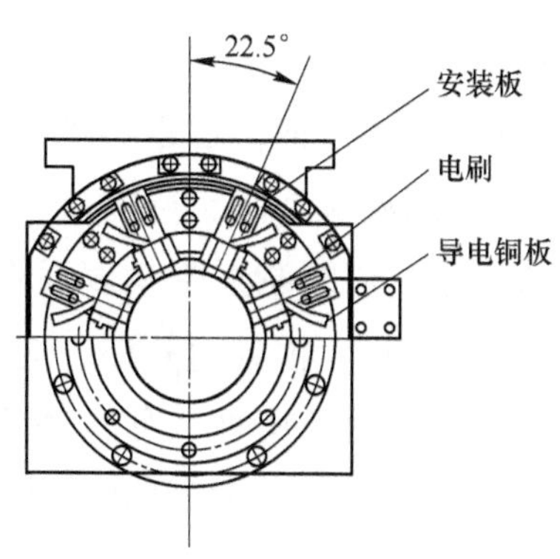

图 1-2　轧辊导电装置

1.2.2　接触式测温仪

影响温度控制精度的关键环节是测温仪。由于温轧机轧件包括很多种类的金属材料，而且不同材料在不同的温度阶段，其表面黑度系数随着氧化程度不同而发生剧烈变化，采用红外测温仪，无法保证其测量精度。

例如，在对高硅钢进行在线电阻加热的过程中，采用红外测温仪和在轧件表面焊接热电偶两种方法同时测量轧件的表面温度，热电偶测量温度为轧件表面的真实温度，其测量结果如图 1-3 所示，热电偶温度达到 660℃时，红外测温仪的测量值为 370℃。对于镁合金来说，红外测温仪的测量误差更大。

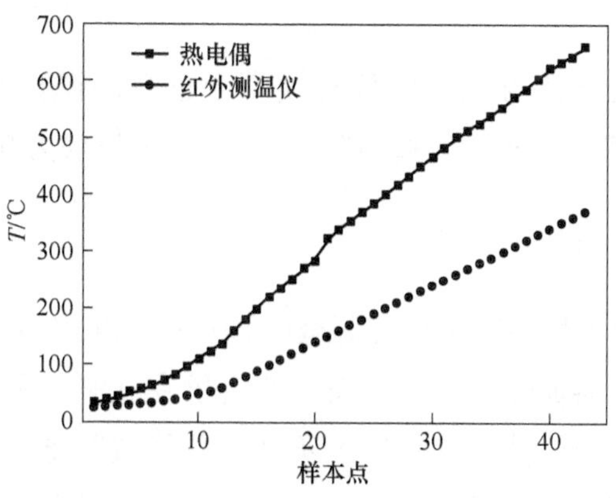

图 1-3　红外测温仪和热电偶测量结果比较

课题组科研人员发明了一种接触式测温仪，其结构如图 1-4 所示。该装置由气动元件和接触滑片式热电偶测温元件组成。热电偶滑片安装在气动测量头前端，通过控制电磁换向阀，改变活塞杆的运动方向，可以实现测温仪的往复升降。温轧轧制过程中需要测量温度时，测温仪下降至轧件表面使其热电偶滑片与其滑动接触，可以用滑动接触的方法连续测量带钢表面温度；不需要测量温度时，测温仪通过气动缸离开轧件表面。温轧过程中，为防止液压夹钳与接触式测温仪碰撞，气动缸需要根据张力液压缸位移自动升降。采用接触式测温仪能够针对不同金属带材更加真实准确地测量轧件温度，达到精确控制轧件加热温度的目的。

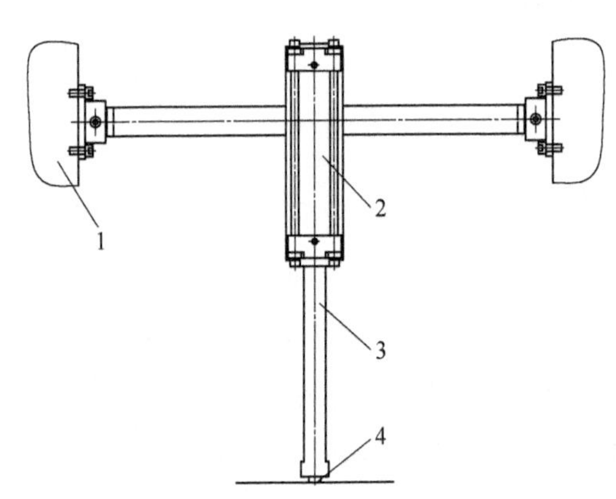

图 1-4 接触式测温仪

1—轧机牌坊；2—气动缸；3—活塞杆；4—热电偶滑片

用红外测温仪和接触式测温仪对镁合金进行测温试验，如图 1-5 所示，接触式测温仪温度达到 300℃时，红外测温仪测量值仅为 65℃。

1.2.3 轧件温度控制

如图 1-6 所示为轧件的温度控制框图，其中温度控制器需要特殊设计。

若采用双变压器加热方法，需按工艺要求在轧制过程中持续加热，因为轧制过程中被加热的轧件长度和厚度不断变化导致其电阻的不断变化。单纯的 PID 温度控制器无法满足这种复杂状况下的温度控制精度要求，需要设计特殊的前馈控制器和采用特殊的控制手段实现温度控制，与单变压器加热方

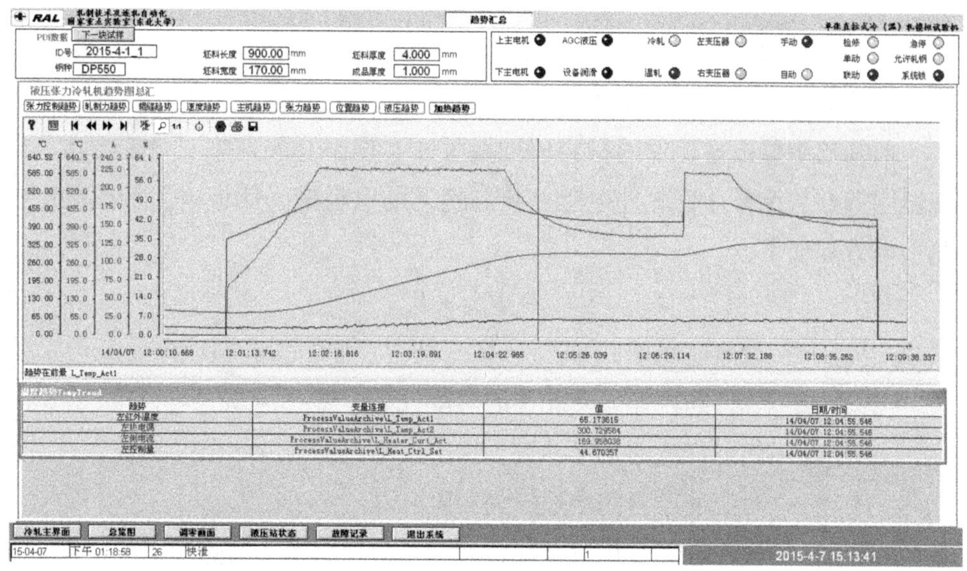

图 1-5 镁合金加热和测温

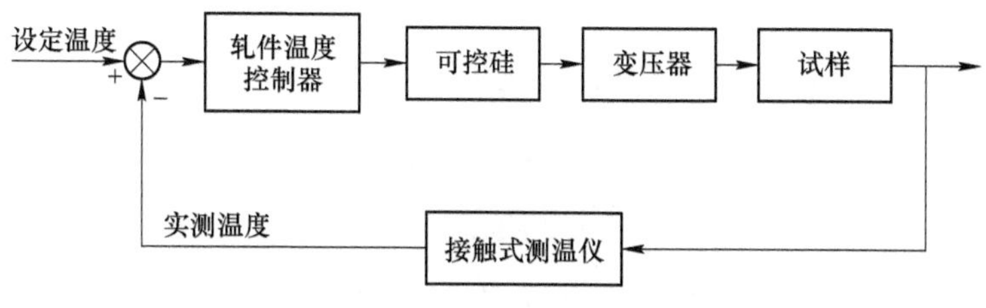

图 1-6 轧件温度闭环控制框图

式相比，避免出现轧制过程中通电导致的无效加热的弊端。通过对轧件长度和厚度计算，采用前馈控制器和反馈控制器组合的方式实现了轧制过程中的轧件加热和温度控制，完全能够满足轧件，特别是金属薄带在轧制过程中保持温度均匀性的要求。

轧件加热有两种情况：静止加热和轧制过程中加热，同时每个加热情况均包括升温段和保温段，仅靠 PID 闭环控制调节，无法保证温度控制精度。因此，所设计轧件温度控制器包括前馈控制器和反馈控制器两部分。其中，前馈控制器根据电阻加热数学模型计算预设定值，反馈控制器采用 PID 控制器。

PLC 通过设定可控硅控制量，改变电压输出，从而改变轧件的加热功率。前馈和反馈控制器的输出相加后，作为可控硅的控制量。

前馈控制器根据轧件的材料属性及尺寸、设定升温速率、设定温度、环境温度等参数综合计算轧件电阻加热时输入的电功率，薄板电阻加热的瞬态热平衡方程如下：

$$P_{elec} = P_{ht} + P_{rad} + P_{conv} + P_{cond} \tag{1-1}$$

式中 P_{elec}——加热电功率，W；

P_{ht}——轧件的内能，使轧件的温度升高，W；

P_{rad}——辐射产生的热量损失，W；

P_{conv}——对流而产生的热量损失，W；

P_{cond}——轧件和左右钳口及轧辊间的热传导而产生的热量损失，W。

具体计算公式如下：

$$P_{elec} = I^2\rho_e \frac{l}{w\delta} \tag{1-2}$$

$$P_{ht} = \rho_g lw\delta c \frac{dT_{spl}}{dt} \tag{1-3}$$

$$P_{rad} = 2lw\varepsilon\sigma T_{spl}^4 \tag{1-4}$$

$$P_{conv} = 2\alpha lw(T_{spl} - T_{srd}) \tag{1-5}$$

$$P_{cond} = 4\lambda w\delta(T_{spl} - T_{clp})/l \tag{1-6}$$

式中 l——试样长度，m；

T_{spl}——试样温度，K；

w——试样宽度，m；

T_{srd}——环境温度，K；

δ——试样厚度，m；

T_{clp}——钳口（轧辊）温度，K；

ρ_g——试样材质密度，kg/m^3；

σ——玻尔兹曼常数，W/(m^2 · K^4)；

ρ_e——试样材质电阻率，Ω · m；

t——时间，s；

c——平均比热容，J/(kg·K)；

I——电流，A；

λ——导热系数，W/(m·K)；

ε——试样的辐射系数；

α——对流换热系数，W/(m^2·K)。

由于薄板加热时，对流和热传导产生的热损失相对较小，可以忽略不计，因此只考虑内能和热辐射即可。

以高硅电工钢为例，假设升温速率为15K/s，计算升温段电加热功率如表1-1所示。$\rho_g = 7800\text{kg/m}^3$，$\varepsilon = 0.78$，玻尔兹曼常数 $\sigma = 5.67 \times 10^{-8}\text{W/(m}^2 \cdot \text{K}^4)$，轧件有效变形区尺寸：$l \times w \times \delta$ 为 $0.6\text{m} \times 0.22\text{m} \times 0.002\text{m}$，比热容 c 与轧件温度有关。

表1-1 硅钢加热电功率

T_{spl}/K	573	673	773	873
c/J·(kg·K)$^{-1}$	502	515	536	565
P_{ht}/W	15506	15907	16556	17452
P_{rad}/W	1259	2395	4169	6782
P_{elec}/W	16765	18302	20725	24234

以同样的升温速率和轧件尺寸，计算镁合金薄板升温段电加热功率，如表1-2所示。$\rho_g = 1820\text{kg/m}^3$，$\varepsilon = 0.4$。

表1-2 镁合金加热电功率

T_{spl}/K	423	523	623	723
c/J·(kg·K)$^{-1}$	1050	1120	1200	1280
P_{ht}/W	7568	8072	8649	9225
P_{rad}/W	192	448	902	1636
P_{elec}/W	7759	8520	9551	10861

考虑到变压器的效率和功率因数，变压器的设定功率可由下式给出：

$$P_{control} = \frac{P_{elec}}{\eta \cos\varphi} \tag{1-7}$$

式中 η——变压器效率；

$\cos\varphi$——变压器功率因数。

这里，效率和功率因数分别取0.7和0.75（实际应用中，效率和功率因数还与电缆选型有关，可以根据实测数据进行调整，也可以根据上一道次控制量的稳态输出进行下一道次用于自学习）。例如，高硅电工钢加热到873K时，$P_{elec}=24234W$，则 $P_{control}=46160W$。

上述模型中，升温速度取零时，计算结果便是保温段功率设定值。前馈控制器计算出的可控硅的控制量 U_{ff}（取值0～80）为：

$$U_{ff} = 80\frac{P_{control}}{P_{max}} \tag{1-8}$$

式中 P_{max}——变压器额定功率；

U_{ff}——最大值取80，是指最大控制量的80%，剩余20%由反馈控制器的控制量 U_{fb}（取值－20～20）。

前馈控制器的输出值和反馈控制器的输出值相加作为可控硅的总控制量：

$$U = U_{ff} + U_{fb} \tag{1-9}$$

反馈控制器的输入信号为轧件设定温度和实测温度偏差，采用一个PID控制器对轧件温度进行闭环控制，输出信号为可控硅的反馈控制量 U_{fb}。

温度控制系统可以用带有时间延迟的一阶模型来描述：

$$G(s) = \frac{Ke^{-Ls}}{Ts+1} \tag{1-10}$$

式中 K——增益；

T——时间常数；

L——滞后时间；

s——复变量。

在开环状态下，给定阶跃为50%的控制量，获得轧件温度的开环阶跃响应曲线，便可以离线计算模型参数，并在此基础上计算PID参数的预设定值。由于模型参数与轧件材质、尺寸、环境温度等因素相关，忽略影响较小的环境温度，还需要获得每种材质不同尺寸的轧件的温度阶跃响应曲线，并离线计算PID参数。控制系统根据不同材质和轧件尺寸进行变参数PID温度控制。

以尺寸 $l\times w\times\delta$ 为 $0.6m\times0.1m\times0.001m$ 的高硅电工钢为例，模型参数 $K=0.0245$，$T=14.96$，$L=1.73$。PID参数 $K_p=9.543$，$T_I=22.91$，$T_D=0.33$。

轧制过程中，温轧机入口侧被加热轧件的宽度和厚度未发生变化，而长度是逐渐变小，根据式（1-2）、式（1-6），前馈控制器的输出量也逐渐变小。

如果接触式测温仪可以在轧件运动过程中测得温度值，反馈控制器也可以继续投入。如果接触式测温仪抬起，则 PID 控制器输出值锁定。

以镁合金为例，轧件有效变形区尺寸：$l \times w \times \delta$ 为 0.6m × 0.22m × 0.002m，加热速率为 15K/s，目标温度 673K，静态加热过程中实测温度及温度控制器控制量 U 的曲线，如图 1-7 所示。

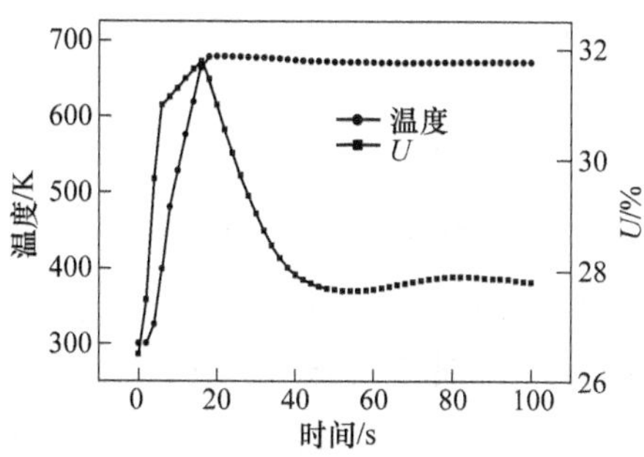

图 1-7 镁合金静态加热过程温度与控制量

根据式（1-8）可以得出前馈控制器输出值 U_{ff} 为 26.5。由于反馈控制器从室温加热便开始投入，U_{fb} 的最高点为 5.4，此时 U 为 31.9，总体加热速率达到 20K/s，加热温度超调量为 5.8K，稳态控制精度为 ±2K。U 的稳态输出值约为 27.8，比前馈控制器输出值略大，这是用于弥补前馈控制器中忽略掉的对流和热传导产生的热损。

如图 1-8 所示为轧制过程中的加热温度和控制量曲线，当长度小于 0.34m 时，接触式测温仪抬起，图中只给出了轧件被加热部分的长度从 0.6m 至 0.34m 之间的曲线。随着轧件被加热部分变短，温度控制器的输出逐渐减小，

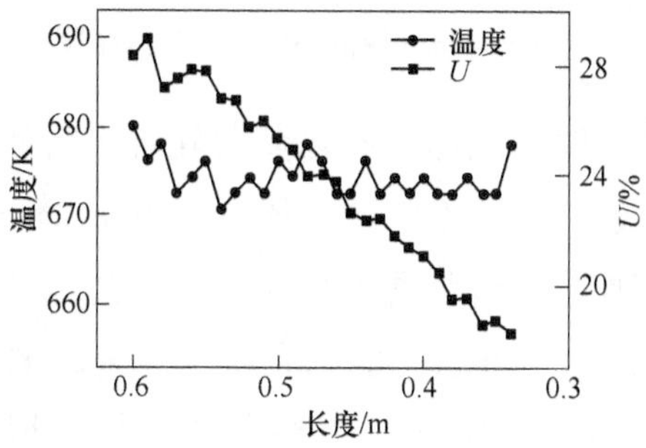

图 1-8 镁合金温轧过程加热温度与控制量

反馈控制器在接触式测温仪抬起后锁定输出值。经统计，沿轧件长度方向的温度均匀性可达 ±10K。

前馈控制器和反馈控制器相结合的温度控制技术，可以保证静态轧件的加热速度和精度，并且能够在轧制过程中对轧件进行补温，保证了轧件的纵向温度均匀性。该技术已获得了成功应用，取得了良好的控制效果，为难变形金属薄板温轧工艺研究提供了可靠的保障。

1.2.4 轧辊加热技术

轧件温度分为三个阶段：轧前温度、变形区温度和轧后温度。测温仪能够测量的只有轧前温度和轧后温度，变形区温度通常是无法测量的。变形区是薄板与轧辊接触的地方，轧辊会在瞬间将轧件温度降低。

如图 1-9 所示为温轧变形区的温降曲线，轧辊表面温度为 22℃时，采用厚度为 2mm 的不锈钢板，在边部和中心钻孔，热电偶嵌入其中，加热温度 408℃，轧制速度 0.05m/s，变形区瞬间温降超过 200℃。

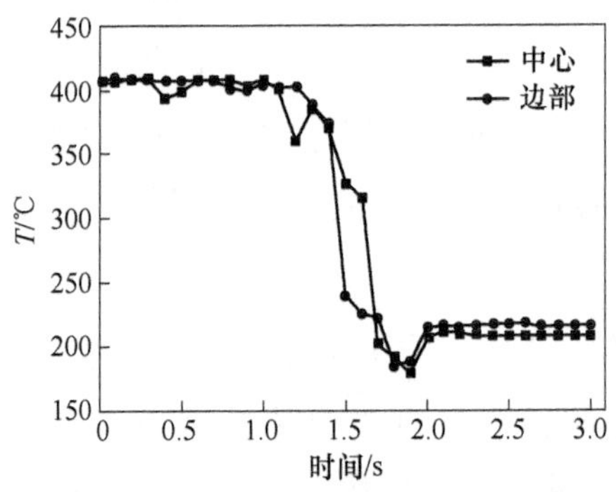

图 1-9 2mm 厚的不锈钢变形区温降

为了减少轧辊对轧件的温降，温轧前对轧辊进行预加热是非常必要的。早在 1963 年，英国人费舍尔（易种淦译自 Journal of Metals，1963，Vol15，No11）就提出了“带加热轧辊装置的轧机”的概念，现有的轧辊加热方式有很多种，温轧机轧辊的加热方法从能源介质角度看，主要有电加热、流体加热和火焰加热三种。从加热手段看，主要有内加热和外加热两种。感应加热、电磁加热和电热蓄能体加热都属于电加热。

课题组对火焰加热、感应加热、流体加热分别进行了现场使用和效果验证。

如图 1-10 所示，在成都虹波实业股份有限公司钨/钼板片轧制技术与新工艺开发项目中采用了轧辊外加热方式，采用燃气火焰加热从室温加热到 327℃需要 40min，减少了轧制过程中的热损失，极大地提高了钨/钼板片轧制效率。

图 1-10　成都虹波钨/钼轧机轧辊火焰加热

如图 1-11 所示，宝钢研究院液压张力温轧机的轧辊加热采用的是外加热方式，轧辊心部通冷却水，表面采用感应线圈加热。这种方式加热速度快，热惯性小，从室温加热到 200℃只需要约 3min。然而加热时需要轧辊转动，停止加热后温降较快，同辊温差约 ±10℃，适合轧制速度较高的工业生产，

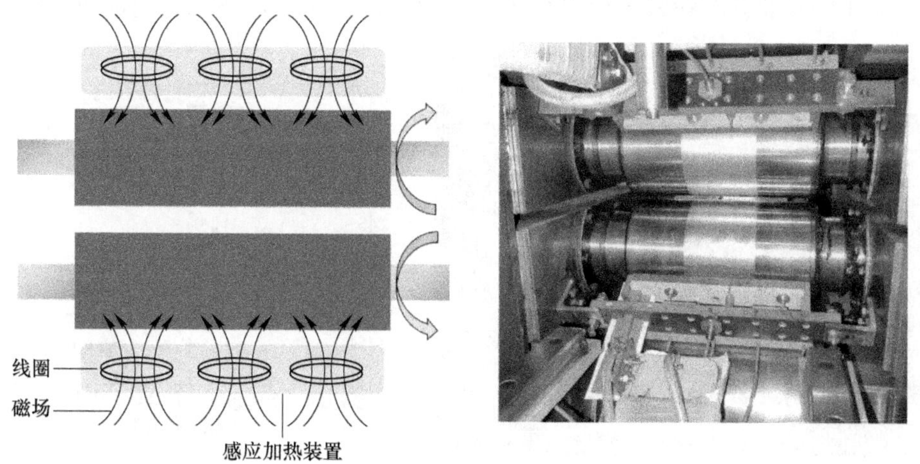

图 1-11　宝钢研究院轧辊感应加热示意图和实物图

但不适用于轧制速度较低的液压张力温轧机。

如图 1-12 所示，重庆科学技术研究院液压张力温轧机采用了内加热方式，在轧辊心部通热油，热油最高温度 300℃，轧辊表面可达 270℃，轧辊表面从室温加热到 200℃需要 1h。由于轧辊是从内而外的加热，蓄能稳定，轧辊温度均匀性好，同辊温差约 ±2℃，可靠性较好，在镁合金温轧过程中取得了良好的应用效果。

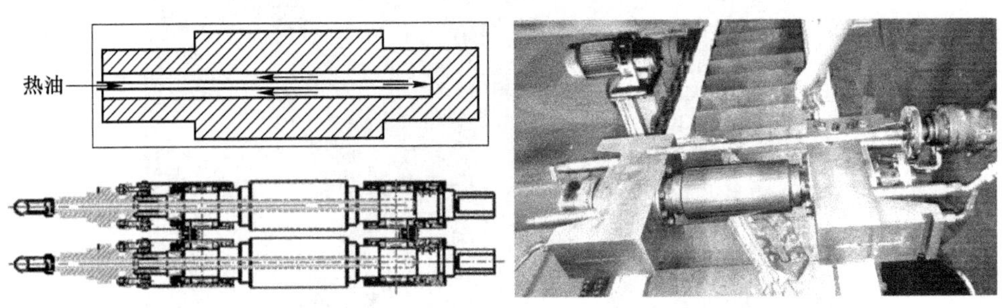

图 1-12 重庆科学技术研究院轧辊加热设计图和实物图

这种热油加热方式，如果不采用特殊设计，轧辊表面轴向温度是有梯度的，右端温度高，左端温度低；经测量轴向温度的极差为 5.2℃，标准差为 2.3℃。

为提高轴向温度均匀性，采用有限元模拟和实验，做了在通油管上开孔的实验研究，结果如图 1-13 所示：

（1）通油管左端开 1 个直径为 2mm 的圆孔，经测量轧辊表面轴向温度的

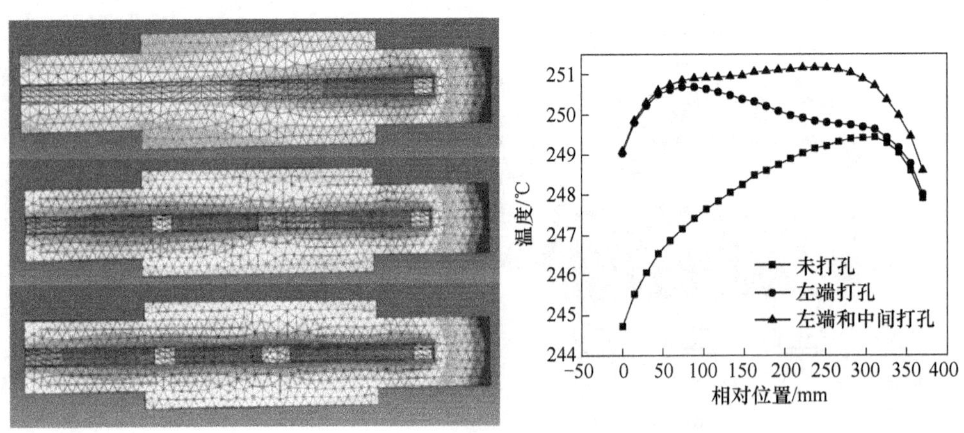

图 1-13 通油杆上开孔的实验研究

极差为2.2℃，标准差为0.6℃；

（2）通油管左端和中间各开1个直径为2mm的圆孔，轴向温度极差为1.5℃，标准差为0.5℃。

如图1-14所示，通过模拟通油管深度对轧辊表面温度的影响，设计合理的轧辊中心钻孔深度，在保证轧辊表面温度均匀性的同时，减少了钻孔深度。

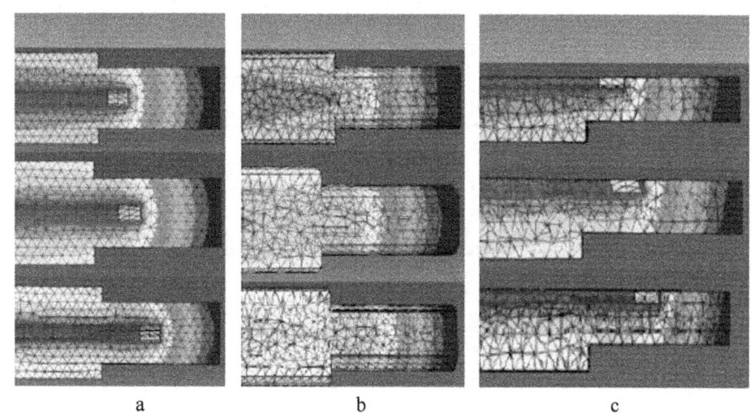

图1-14 通油管深度对轧辊表面温度影响

a—对称面；b—Z方向剖面；c—X方向剖面

经实验验证，适用于液压张力温轧机的轧辊加热方式为轧辊芯部通油加热方式。

1.2.5 液压张力装置

液压张力装置是液压张力温轧机的张力控制单元，主要由位于轧机左右两侧的两个张力液压缸完成，其行程通过安装在液压缸内部的磁尺进行测量，张力通过油压传感器或张力传感器测量。

液压张力温轧机轧制过程分为上料、轧制和卸料三个状态。以图1-15为例，具体步骤如下：

（1）上料时，轧件首先在温轧机左侧的夹钳内夹紧，辊缝设定到一定开口度，左侧张力液压缸缓慢向右移动，将轧件穿过辊缝，左侧张力液压缸移动到达其右极限位置；右侧张力液压缸缓慢向左移动，使轧件右端进入右侧夹钳内并夹紧。

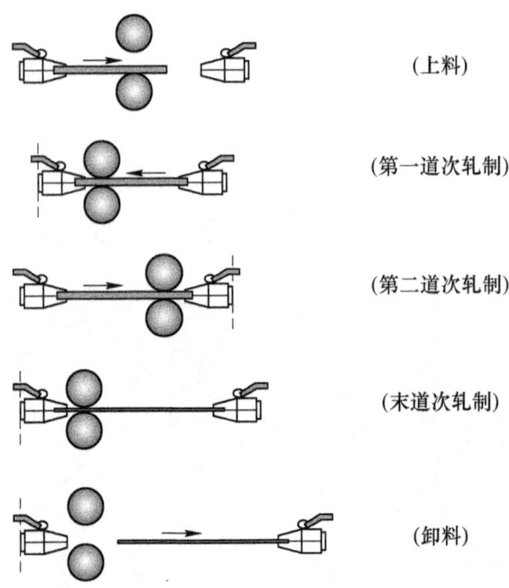

图 1-15 液压张力温轧机轧制过程示意图

（2）轧制。两侧张力液压缸根据张力设定值进行闭环控制，点击加热合闸后，对轧件进行电阻加热至设定温度，开始第一道次向左轧制；经过升速、稳速、降速后，在右侧张力液压缸到达其左限位位置时自动停车，之后进行下一道次的轧制。

（3）全部道次轧制完成后，松开一侧夹钳，由另一侧张力液压缸缓慢将轧件从辊缝中抽出，之后松开夹钳取出试样，轧制过程结束。

据此，可以将张力液压缸的工作方式分为两种：

（1）位置闭环。在温轧实验的上料和卸料环节，张力液压缸处于位置闭环工作状态，此时可以对轧件进行位置点动操作，使轧件处于合适的位置。在单动方式时，张力液压缸工作在位置闭环方式。

（2）张力闭环。在温轧实验的轧制环节，张力液压缸处于张力闭环工作状态，此时需要满足张力液压缸的运动速度与轧件运行速度的匹配，保证轧制过程中轧件两端张力的稳定。联动时，张力液压缸工作在张力闭环方式。

张力液压缸两种工作方式的张力控制原理，如图 1-16 所示。

在温轧实验的上料和卸料环节，张力液压缸处于位置闭环工作状态。此时需要根据位置设定值与实测值的偏差来控制张力液压缸伺服阀的开口度，

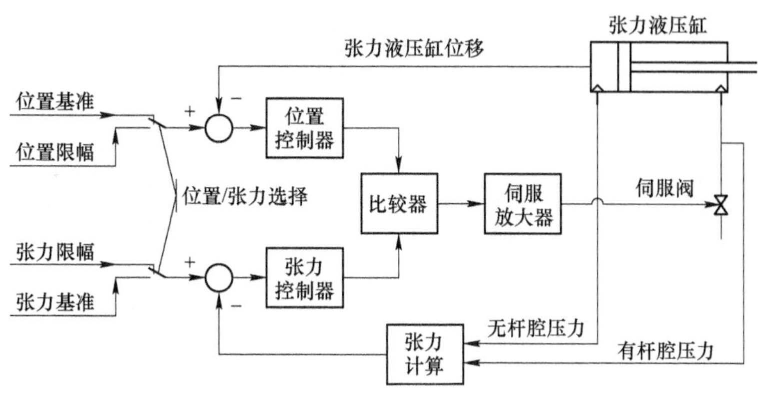

图 1-16 张力控制原理图

从而控制张力液压缸有杆腔的进出油量，达到张力液压缸位置（轧件位置）调整的目的。位置控制器采用一个 PI 控制器，能达到较高的位置控制精度。

在温轧实验的轧制环节，张力液压缸处于张力闭环工作状态，此时需要根据张力设定值与实测值的偏差来控制张力液压缸伺服阀的开口度，从而控制张力液压缸有杆腔的进出油量。只是此时有杆腔的进出油量不仅用于调整轧件两端的张力，还用来调整张力液压缸的运动速度，实现张力液压缸速度与轧件速度的匹配。

轧机前后张力是轧制过程中的关键参数，张力控制的好坏直接影响轧制过程的顺利进行。液压张力温轧机的张力控制方式与普通单机架可逆冷轧机的张力控制方式不同，同时这也是本轧机控制的一个特色之处。普通单机架可逆冷轧机通过左右卷取机建立张力，张力控制的实现一般是通过设定左右卷取机的电流限幅来完成，属于张力开环控制。而本轧机则通过左右液压缸建立张力，张力控制的实现是通过控制左右液压缸的伺服阀来完成，属于张力闭环控制。

张力给定值来自于轧制规程设定或操作工手动给定，张力给定和张力反馈之间的偏差信号通过 PID 控制器后输出给伺服阀，由伺服阀完成张力闭环控制。试验轧机的张力缸位置/压力控制闭环框图，如图 1-17 所示。为保护张力缸等设备，张力缸位置/压力控制闭环设置张力方式下位置限幅和位置方式下的张力限幅。

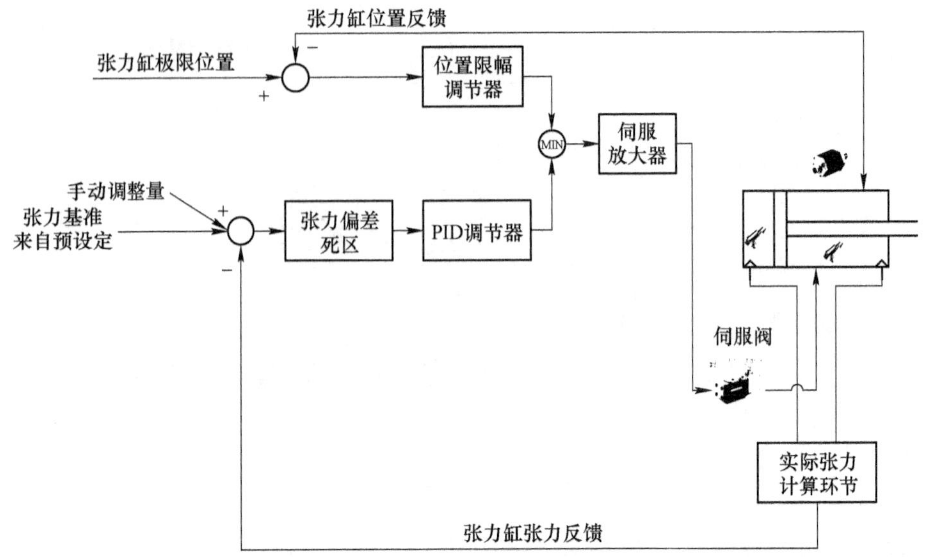

图 1-17　张力缸位置/压力控制闭环示意图

液压张力控制系统中的张力控制器包含两个部分：

（1）以速度为基准的前馈控制器。

（2）以张力为基准的反馈控制器。

张力闭环中的张力控制器原理如图 1-18 所示。图中，U 为伺服阀的总控制量，$U = U_{FF} + U_{FB}$；U_{FF} 为前馈控制器的输出；U_{FB} 为反馈控制器的输出。

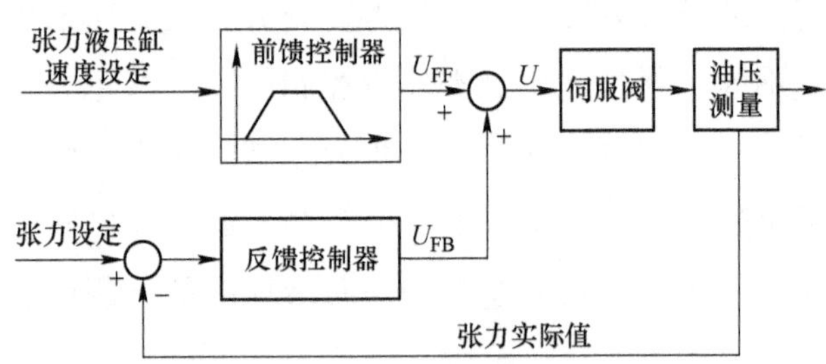

图 1-18　张力控制器原理图

（1）前馈控制器。张力液压缸的运行速度设定值为速度前馈控制器的输入信号，张力液压缸伺服阀的前馈控制量为前馈控制器的输出信号。

张力液压缸运行速度的设定值。在对薄板轧件进行稳定轧制时，温轧实验机入口处张力液压缸的运行速度设定值为 v_{Ent}，温轧实验机出口处张力液压缸的运行速度设定值为 v_{Ext}，此时轧辊的线速度 v_{R} 并不等于张力液压缸的运行速度，它们之间满足一定的关系，计算公式如下：

$$v_{\mathrm{Ent}} = (1 + b) \cdot v_{\mathrm{R}} \tag{1-11}$$

$$v_{\mathrm{Ext}} = (1 + f) \cdot v_{\mathrm{R}} \tag{1-12}$$

式中　b——轧件的后滑率；

f——轧件的前滑率。

安装在张力液压缸上的位移传感器，可以精确测定张力液压缸的实际运行速度，根据主电机上的测速编码器测量值可以精确计算轧辊的线速度，所以在轧制过程中可以实时计算和修正薄板轧件的 b 和 f 值。

伺服阀开口度设定值。在液压张力控制系统中，张力液压缸的运行速度设定值 v_{set} 与张力液压缸伺服阀的流量设定值 Q_{set} 成正比，表达式如下：

$$Q_{\mathrm{set}} = C \cdot v_{\mathrm{set}} \cdot S \tag{1-13}$$

式中　C——量纲常数；

S——张力液压缸有杆腔的环形面积。

张力液压缸伺服阀的流量设定值 Q_{set} 与伺服阀阀芯位移 x_v 的关系式如下所示：

$$Q_{\mathrm{set}} = Q_{\mathrm{N}} \cdot \frac{x_v}{x_{\max}} \cdot \sqrt{\frac{\Delta P}{\Delta P_{\mathrm{N}}}} \tag{1-14}$$

式中　ΔP——伺服阀阀口实际压力差；

Q_{N}——阀口额定流量；

ΔP_{N}——阀口额定压差；

$x_{\max}$——伺服阀阀芯最大位移。

根据式（1-13）、式（1-14），可以得到张力液压缸伺服阀开口度设定值，其表达式如下：

$$\frac{x_v}{x_{\max}} = C \cdot \frac{v_{\mathrm{set}} \cdot S}{Q_{\mathrm{N}}} \sqrt{\frac{\Delta P_{\mathrm{N}}}{\Delta P}} \tag{1-15}$$

式（1-15）中，ΔP 为伺服阀被用作四通阀时阀口压降的总和，本系统中其被用作三通阀，此时伺服开口度设定值如下式所示：

$$\frac{x_v}{x_{\max}} = C \cdot \frac{v_{\text{set}} \cdot S}{Q_{\text{N}}} \sqrt{\frac{\Delta P_{\text{N}}}{0.5\Delta P}} \tag{1-16}$$

将式（1-11）、式（1-12）中的 v_{Ent} 和 v_{Ext} 作为 v_{set} 值，通过公式（1-16）即可得到温轧实验机的入口和出口处张力液压缸伺服阀的前馈控制量。

（2）反馈控制器。张力液压缸的张力设定值与实际值的偏差是反馈控制器的输入信号，张力液压缸伺服阀的反馈控制量为反馈控制器的输出信号。

由于液压油通过伺服阀的流量受控于电流和伺服阀两侧压力差的共同影响，具有变量增益特性，不利于参数调整。为此，加入非线性补偿环节，以改善系统性能。PI 控制器的增益如下所示：

$$K_{\text{p}} = \sqrt{\frac{\Delta P_{\text{N}}}{\Delta P}} \tag{1-17}$$

在轧制速度变化时，若加速度较小，可以由反馈控制器补偿。若加速度较大，为保证较高的张力控制精度，还需要在前馈控制器中考虑加减速补偿环节。

通过速度前馈控制器和张力反馈控制器的组合控制技术，将前馈控制量和反馈控制量相加，作为张力液压缸伺服阀开口度的总设定值，可以保证轧制过程中的张力稳定和速度匹配要求。

1.2.6 自动控制系统

如图 1-19 所示，自动控制系统由 1 台服务器（过程计算机）、1 台工控机（数据采集中心）、1 台屏装电脑（HMI）、1 套 PLC 系统及其远程 I/O 子站和传动装置组成。计算机系统和 PLC 系统之间通过工业以太网交换数据，PLC 系统与远程 I/O 子站通过 PROFINET 通信，PLC 系统与传动装置通过 PROFIBUS-DP 现场总线通信。

基础自动化控制系统采用 SIEMENS 公司 S7-400PLC + FM458 的结构，FM458 具有非常高的运算处理速度，EXM438 作为 FM458 的 I/O 信号接口板；S7-400 的 CPU-414DP 与 FM458 通过机架总线进行快速数据通讯。本系统采用双 CPU 并行工作设计方案，由 CPU-414DP 和 FM458 对试验机进行高性能控制。由 FM458 来完成液压辊缝及左右张力等闭环控制功能；由 CPU-414DP 来完成轧制过程的顺序控制以及液压站控制功能。轧机主传动采用 SIEMENS 公司的 6RA80 直流调速器完成。

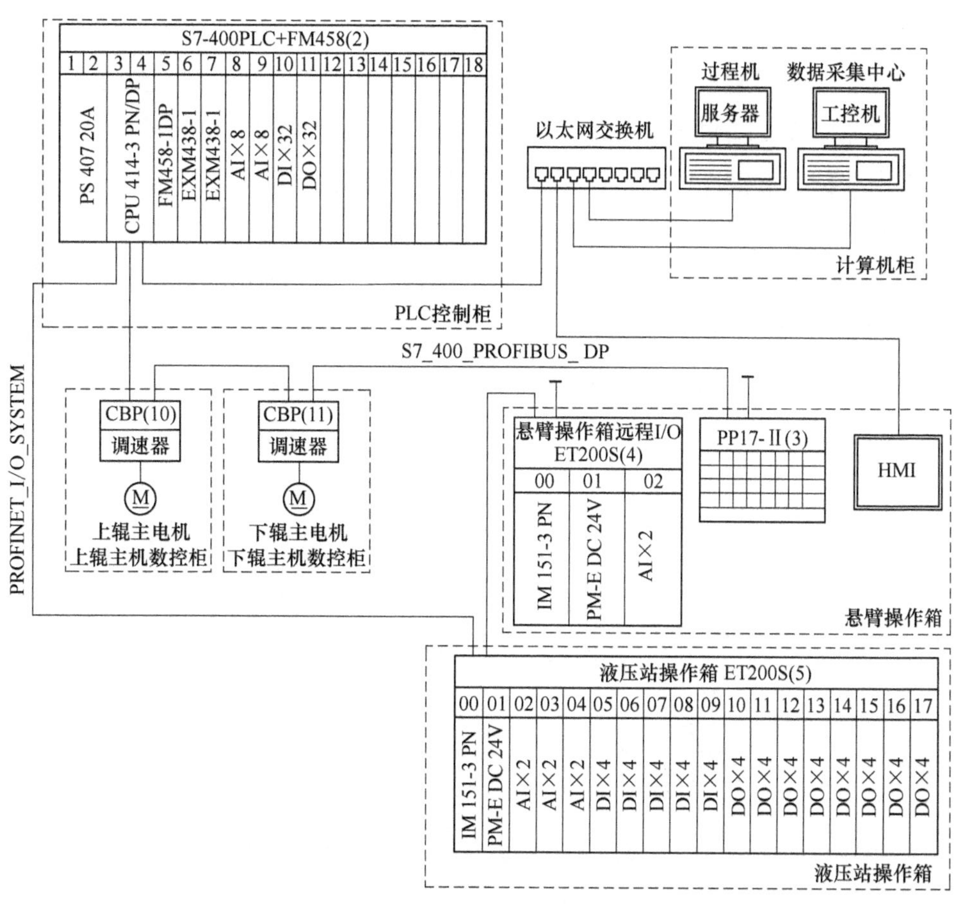

图 1-19 液压张力温轧机计算机控制系统结构图

电气传动和自动化系统在满足生产轧制工艺要求的条件下，充分考虑试验机工艺及控制特点，应用国内外先进并且成熟的多变量控制技术，在确保轧制过程控制精度的同时，建立了实时、可靠的在线数据采集及报表系统。电控系统主要特点：自动化程度高，运行稳定，操作灵活、方便，人机界面丰富友好，监视功能齐全，具备冷轧、温轧轧制过程实验及钢种开发能力。

过程计算机与基础自动化级 PLC 通过工业以太网相连，用于过程监视和控制。过程控制系统的软件功能应包括如下几项：系统维护、数据通讯、数据管理、实验过程跟踪以及模型设定计算等功能。

过程机需要处理的主要过程跟踪事件包括：

（1）PDI 数据确认。操作员录入 PDI 数据确认后，由 HMI 通过 OPC 传递给过程机，从而把数据保存在数据库中。

（2）调用计算机规程。操作员录入带钢的ID号、钢种、坯料的长、宽、厚、成品厚度及轧制温度后，由HMI通过OPC传递给过程机，过程机利用数据库中存储的数据进行规程计算后，把计算结果返回给HMI。

（3）一个道次轧制结束。基础自动化把实测数据传递给过程机，同时过程机调用数据库的数据，对基础自动化传递的数据进行处理后传递给HMI。

（4）全部道次轧制结束。基础自动化把实测数据传递给过程机，过程机对数据进行处理后保存在数据库中，同时生成数据报表。

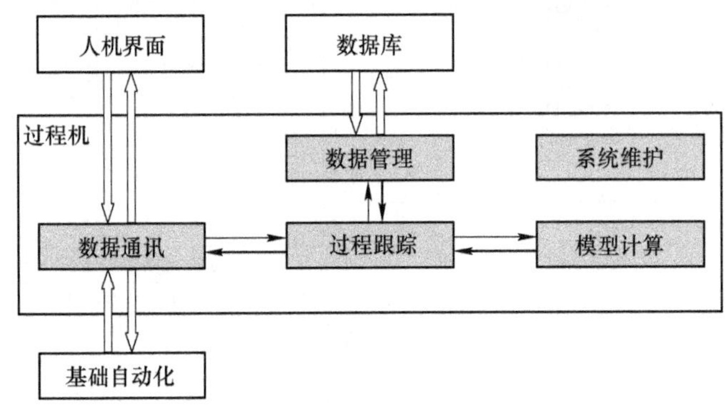

图1-20　过程控制系统模块结构

数据采集中心具备如下功能：

（1）原始数据管理。PDI数据、钢种、成分、原料厚度、成品厚度、宽度、长度和重量等。

（2）设备及轧辊数据管理。设备参数、设备能力极限值，轧机刚度，工作辊、支撑辊的数据：实际辊径、粗糙度、长度和凸度等。

（3）轧制模型参数管理。模型计算使用的常数表数据和层别表数据。

（4）实际数据记录和管理。轧制过程实时数据（轧制速度、轧机电流、扭矩、轧制功率、轧制力、张力、温度、板坯尺寸、辊缝等）的动态存储，轧制过程工艺数据的统计和存储，针对每块轧件的每道次的工艺数据，包括：设定辊缝、实际辊缝、设定张力、实际张力、实际轧制力、设定温度、实际温度、压下率、扭矩、轧制功率、实际厚度等。

（5）实验过程跟踪。跟踪换辊完成后轧辊数据确认、PDI数据确认、计算机规程调用、一个道次轧制结束、全部道次轧制结束等事件。

HMI 系统是人与计算机之间传递、交换信息的媒介和对话接口，是计算机系统的重要组成部分。试验机的 HMI 系统由 1 台屏装电脑组成，监控软件为 WinCC，主画面如图 1-21 所示。HMI 系统的主要功能如下：

（1）显示和记录轧制过程中的各种工艺参数和系统、设备的状态信息。

（2）对于轧制过程中出现的故障和报警信息进行记录。

（3）接收操作人员输入的数据并将数据传送给 PLC。

（4）接收操作人员发出的命令，远程控制轧线辅助设备的运行。

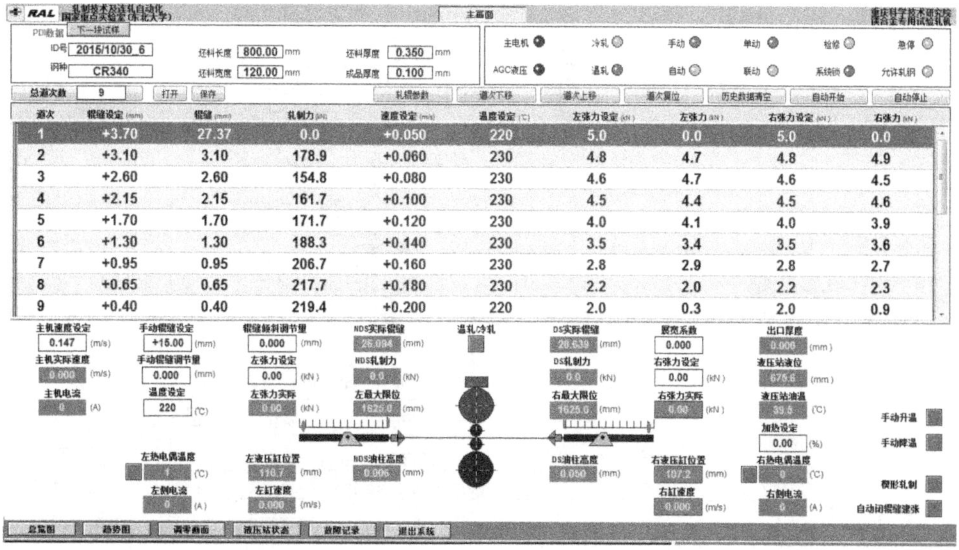

道次	辊缝设定(mm)	辊缝(mm)	轧制力(kN)	速度设定(m/s)	温度设定(℃)	左张力设定(kN)	左张力(kN)	右张力设定(kN)	右张力(kN)
1	+3.70	27.37	0.0	+0.050	220	5.0	0.0	5.0	0.0
2	+3.10	3.10	178.9	+0.060	230	4.8	4.7	4.8	4.9
3	+2.60	2.60	154.8	+0.080	230	4.6	4.7	4.6	4.5
4	+2.15	2.15	161.7	+0.100	230	4.5	4.4	4.5	4.6
5	+1.70	1.70	171.7	+0.120	230	4.0	4.1	4.0	3.9
6	+1.30	1.30	188.3	+0.140	230	3.5	3.4	3.5	3.6
7	+0.95	0.95	206.7	+0.160	230	2.8	2.9	2.8	2.7
8	+0.65	0.65	217.7	+0.180	230	2.2	2.0	2.2	2.3
9	+0.40	0.40	219.4	+0.200	220	2.0	0.3	2.0	0.9

图 1-21　液压张力温轧机主界面

1.3　微张力功能改造

单纯采用伺服阀控制张力，其控制精度依赖前滑和后滑的计算精度，微张力（ <2kN）轧制时，张力精度较低。因此对液压张力控制系统进行了改进，方案为：采用伺服阀进行位置闭环控制，采用比例减压阀和比例溢流阀进行张力闭环控制，真正实现了微张力控制，最小张力可以达到 1kN（额定张力的 2%）。能够满足高硅钢和镁合金等脆性金属的微张力温轧的要求。下面通过宝钢研究院液压张力冷、温轧机微张力改造，介绍微张力控制的原理。

伺服阀控制张力的方案如图 1-22 所示，伺服阀型号为 D661，采用速度前馈加张力反馈的控制方式，且在油缸杆腔连接比例溢流阀，用于吸收张力控制过程中的压力超调。但该控制方式的控制效果过于依赖于轧制过程中前滑与后滑模型的准确度，而前滑与后滑的影响因素很多（压下量、摩擦系数

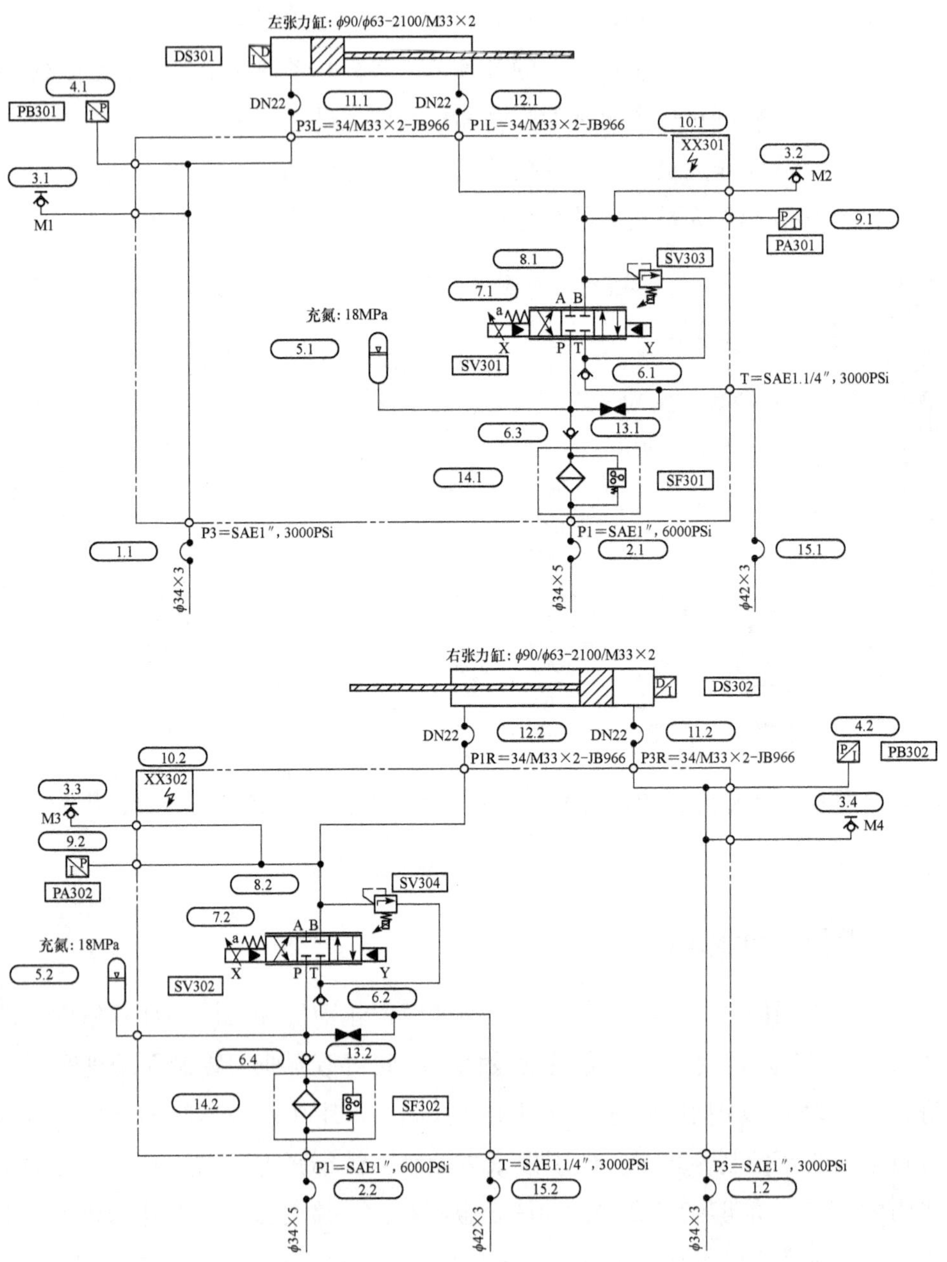

图 1-22　伺服阀控制张力控制方案

等)。因此，其计算值往往与实际值存在较大偏差。该偏差的存在使得起车过程中张力控制偏差非常大，单纯依靠张力闭环无法消除这样的偏差。

基于原有方案存在的问题，对液压系统进行了改造。如图 1-23 所示，在

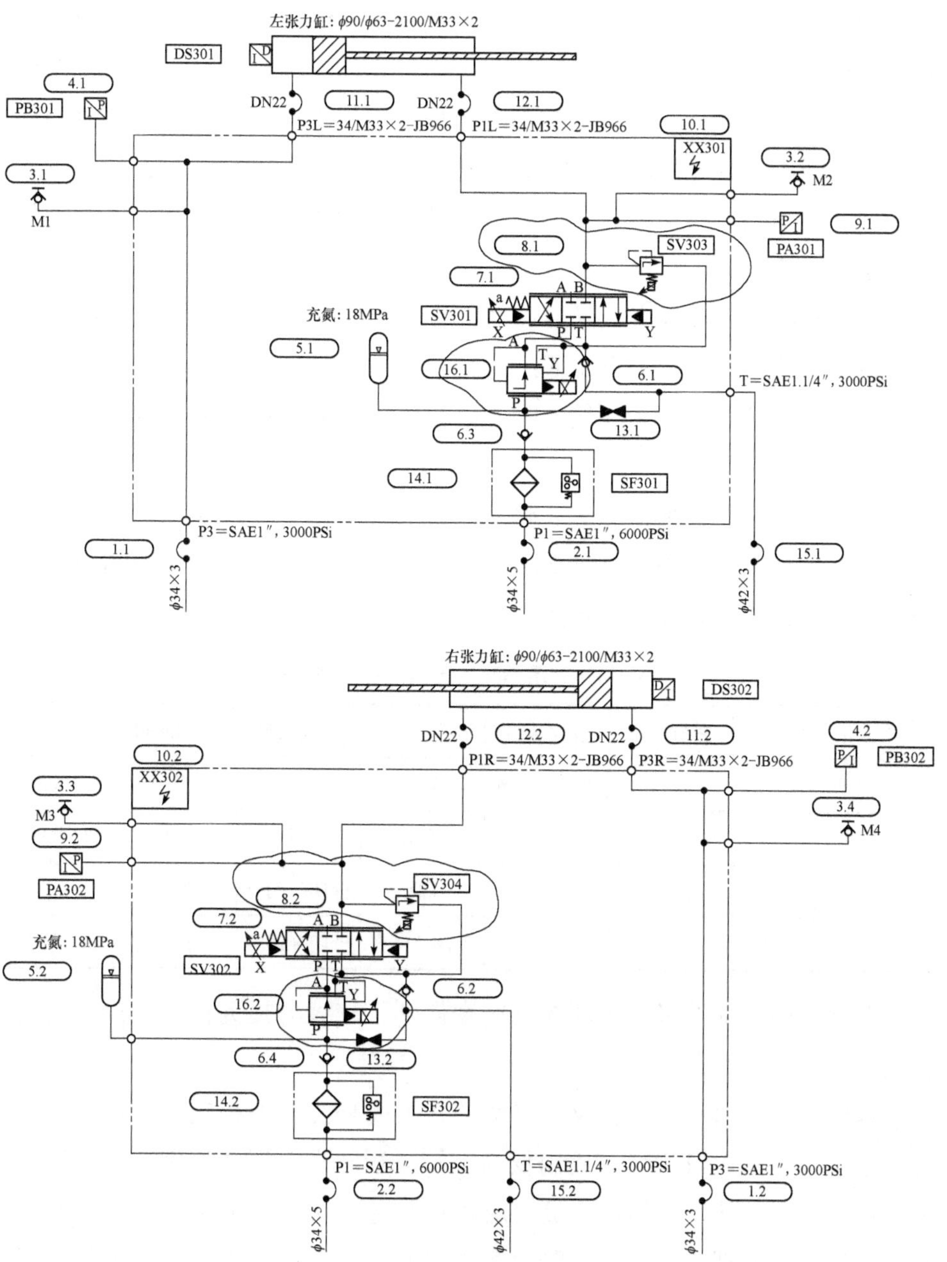

图 1-23　微张力控制方案

伺服阀的入口加了一个比例减压阀，并将原有额定流量为4L/min的比例溢流阀换为额定流量为40L/min的比例溢流阀。张力控制方式为：

（1）非轧制过程的张力闭环控制，依靠伺服阀入口侧的比例减压阀，此时的伺服阀给定一个较小的正开口，比例溢流阀给一个较大控制量使其处于关闭状态。

（2）轧制过程中，出口侧的张力闭环控制依靠比例减压阀，此时的伺服阀给定一个较大的正开口，比例溢流阀给一个较大控制量使其处于关闭状态。

（3）轧制过程中，入口侧的张力闭环控制依靠比例溢流阀，此时的伺服阀给定一个微小的正开口。

温轧机在轧制过程中，张力波动较大。因此，对其张力液压阀组及控制方式进行了改造，具体工作如下：

（1）增加2个比例减压阀。在左、右张力控制伺服阀入口分别增加1个减压阀。

（2）更换2个比例溢流阀。将原来的小流量溢流阀更换为大流量溢流阀。

张力控制方式改进。由原来的伺服阀控制方式，改为减压阀和溢流阀组合控制方式，具体如表1-3所示。

表1-3 减压阀和溢流阀组合控制方式

工作模式		左减压阀	左伺服阀	左溢流阀	右减压阀	右伺服阀	右溢流阀
单动		打开	PI闭环调节	关闭	打开	PI闭环调节	关闭
联动	向左	PI闭环调节	打开	关闭	打开	微开	PI闭环调节
	停止	PI闭环调节	微开	关闭	PI闭环调节	微开	关闭
	向右	打开	微开	PI闭环调节	PI闭环调节	打开	关闭

改造后的系统的张力闭环控制精度得到了较大的提高，但入口侧的张力控制存在如下的问题。

如前所述，由于出口侧及入口侧的张力闭环控制的控制权不同，因此在轧制过程中存在入口侧张力控制权的交接过程。为保证从比例减压阀到比例溢流阀的可靠交接，在操作人员给定轧制方向指令后，延时1s启动主机。如果不做这样的处理，在进行小张力实验时时，入口侧张力在起车瞬间一般会出现一个较大的峰值。问题的原因分析如下：

（1）比例溢流阀为压力控制阀，其内部依靠弹簧系统及阻尼孔的减压作用对压力进行调节，其响应速度无法和伺服阀相比较。而且对于入口侧而言，液压容腔本身较大，其液容也较大，因此在入口侧，比例溢流阀设定值从之前的大设定值切换到小设定值的时间较长，如果在切换完成之前就进行起车，很容易产生前面所说的起车瞬间的峰值。

（2）液压缸本身存在的摩擦力是影响小张力控制时起车阶段张力波动的主要因素。以右侧张力缸活塞为例进行受力分析。如上一道次为左轧右，那么在右张力缸停止运动时，其摩擦力方向应该向左，如图 1-24a 所示。在右张力缸作为入口侧运动时，其摩擦力方向向右，两个方向刚好相反，如图 1-24b 所示。这就是为什么在张力缸内部油压已经下降了很多，而张力没有太大变化的原因。

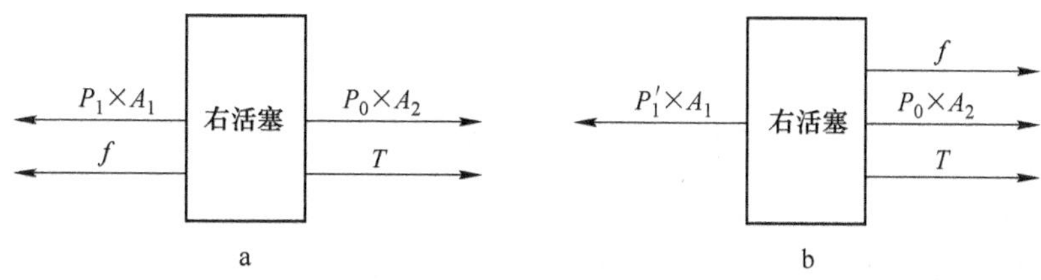

图 1-24　摩擦力分析

因为张力变化的根本原因在于带钢的弹性变形产生变化，设其为 T。图 1-24a 的受力平衡方程为：

$$P_1 \times A_1 + f = P_0 \times A_2 + T \tag{1-18}$$

图 1-24b 的受力平衡方程为：

$$P_1' \times A_1 = P_0 \times A_2 + T + f \tag{1-19}$$

将上述两式相减，得：

$$f = 0.5(P_1' - P_1) \times A_1 \tag{1-20}$$

在张力不变的情况下，油缸的摩擦力可以通过 0.5 倍的油压张力变化近似替代。如图 1-25 所示，右张力缸内部油压下降了 0.2928MPa（折合张力 0.95kN），而张力计读取的张力并没有下降。由此可知，右侧张力缸的摩擦力为 0.95/2 = 0.475kN。

如图 1-26 所示，左侧张力缸内油压已经下降了 0.502MPa（折合张力

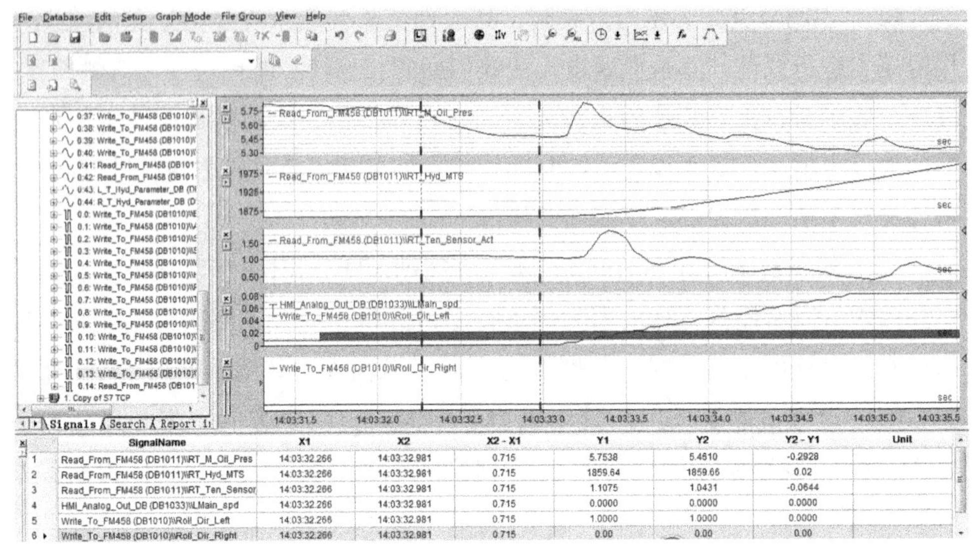

图 1-25 右张力缸摩擦力分析

1.628kN)，而张力计读取的张力并没有变化，可知右侧张力缸的摩擦力为 1.628kN/2 = 0.814kN。

由此可知，左侧张力缸的摩擦力要远大于右侧。在实际调试过程中，右侧张力缸的张力控制效果始终优于左侧就是这个原因。

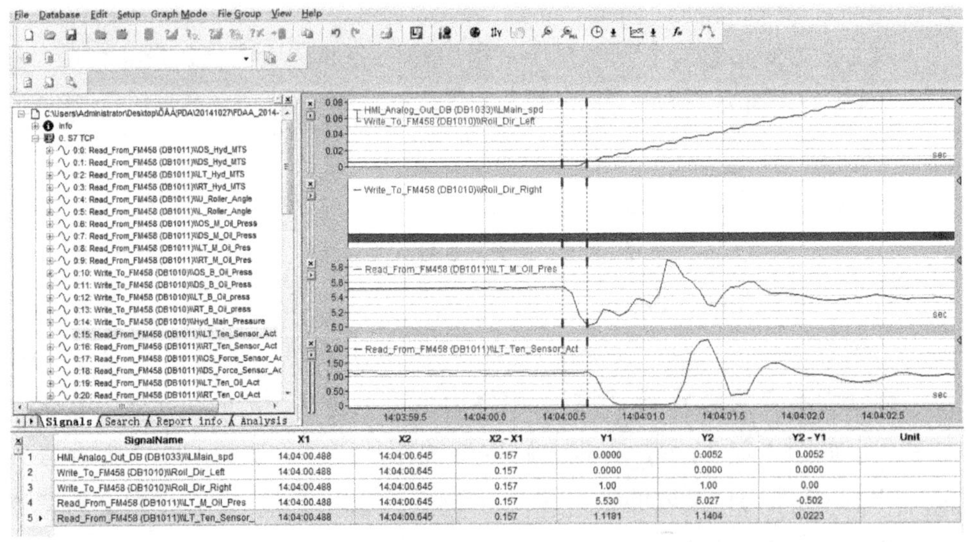

图 1-26 左张力缸摩擦力分析

摩擦力影响因素是控制方面比较反感但又无法回避的问题，在系统仿真过程中经常将它忽略掉。但是在实际控制过程当中，如果摩擦力的大小已经和被控力设定值的大小相近，那么摩擦力将会起到非常大的影响，而且这个影响很难预知和补偿掉。轧制方向 1s 的延时处理，基本保证了摩擦力的方向处于与油缸将要产生的运动方向相反的方向，而不是处于一种未知的状态。这样的处理，使得油缸内的压力处于下降趋势，这样对于入口侧起车过程峰值的削减起到非常大的作用。

经调试后，张力控制精度得到改善，结果如下：

（1）大张力轧制（15～50kN）时，起停车张力波动小于20%，稳速段张力精度不大于2%。

（2）小张力轧制（2～15kN）时，起停车张力波动小于25%，稳速段张力精度不大于±0.5kN。

（3）微张力轧制（1～2kN）时，起停车张力波动小于75%，稳速段张力精度不大于±0.5kN。

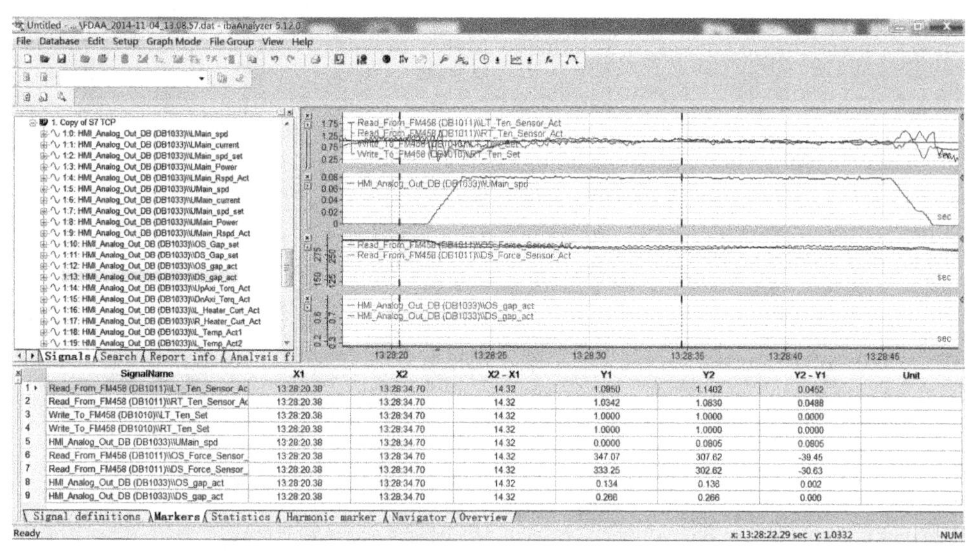

图 1-27 1kN 微张力轧制时的张力控制曲线

由张力波动造成的厚度同带差统计结果如下：

（1）带钢轧制，张力范围，15～40kN，轧制速度 0.06～0.15m/s，原料厚度2.68mm，终轧厚度0.4mm，同带差不大于±13μm。

（2）镁合金轧制，张力范围，1～4kN，轧制速度，0.06～0.1m/s，原料厚度1.16mm，终轧厚度0.33mm，同带差不大于±8μm。

1.4 本章小结

本章介绍了温轧工艺的国内外发展现状及典型材料的温加工性能。重点阐述了液压张力温轧机的在线电阻加热装置、接触式测温仪、轧辊加热装置、液压张力装置、自动控制系统等关键设备及功能。为提高轧件加热温度控制精度，开发了基于薄板电阻加热瞬态热平衡方程的前馈控制器，发明了接触式测温仪用于反馈控制环节，使薄板纵向温度差可控制在±10℃以内。此外，还介绍了采用伺服阀控制张力的原理及方法，进行了微张力控制功能改造，实现了从1kN到50kN大范围高精度的张力控制。

2 温轧规程设定模型

过程计算机的主要功能是根据工艺要求制定轧制规程和加热温度规程。通过轧制数学模型计算辊缝、速度和张力的设定值，根据温度数学模型计算轧件加热温度和轧辊加热温度的设定值。

2.1 轧制规程设定模型

轧制数学模型是温轧轧制规程设定模型计算的基础，直接决定着设定计算的精度。设定计算所用的数学模型及其关系如图 2-1 所示。

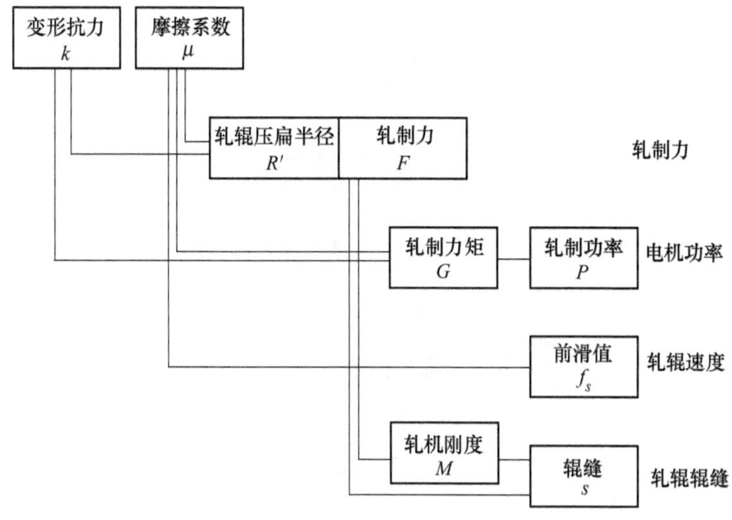

图 2-1 轧制数学模型关系图

2.1.1 变形抗力模型

变形抗力 k 的数值，首先取决于变形金属的成分和组织，不同的牌号，

其 k 值不同。当对一定规格的钢材进行轧制时，变形抗力值主要受变形温度、变形速率和变形程度的影响。在进行冷轧实验时，轧制温度均为室温，轧制速度小于1m/s。因此，可以忽略变形温度和速率的影响，将变形抗力看作变形程度的函数，采用的计算公式如下：

（1）基本公式（厚度为 h 时的变形抗力 k）。

$$k = C_{k0}k_0\left(\ln\frac{1}{1 - r_t}\right)^{c_n \times n} \tag{2-1}$$

$$r_t = \frac{h_0 - h}{h_0}$$

（2）入口变形抗力模型（入口厚度为 h_{in}时的变形抗力 k_{in}）。

$$k = C_{k0}k_0\left(\ln\frac{1}{1 - r_{tin}}\right)^{c_n \times n} \tag{2-2}$$

$$r_t = \frac{h_0 - h_{in}}{h_0}$$

（3）出口变形抗力模型（出口厚度为 h_{out}时的变形抗力 k_{out}）。

$$k = C_{k0}k_0\left(\ln\frac{1}{1 - r_{tout}}\right)^{c_n \times n} \tag{2-3}$$

$$r_t = \frac{h_0 - h_{out}}{h_0}$$

（4）平均变形抗力模型（从入口厚度 h_{in}到出口厚度 h_{out}时的平均变形抗力 k）。

$$k = C_{k0}k_0\left(\ln\frac{1}{1 - r_{tm}}\right)^{c_n \times n} \tag{2-4}$$

$$r_t = \frac{h_0 - h_m}{h_0}$$

$$h_m = (1 - \gamma) \cdot h_{in} + \gamma \cdot h_{out}$$

式中 k——变形抗力，MPa；

k_{in}——入口变形抗力，MPa；

k_{out}——出口变形抗力，MPa；

h——厚度，mm；

h_0——原料厚度，mm；

h_{in}——入口厚度，mm；

h_{out}——出口厚度，mm；

h_m——平均厚度，mm；

r_t——总压下率，%；

r_{tin}——入口总压下率，%；

r_{tout}——出口总压下率，%；

r_{tm}——平均总压下率，%；

k_0——模型参数［层别表数据］，MPa；

ε_0——模型参数［层别表数据］；

n——模型参数［层别表数据］；

γ——模型参数［常数表数据］；

C_{k0}——学习系数［层别表数据］；

c_n——学习系数［层别表数据］。

2.1.2 摩擦系数模型

摩擦系数计算采用公式：

$$\mu = \mu_L \mu_v + \mu_{min} \tag{2-5}$$

（1）轧制长度影响项：

$$\mu_L = C_1 a_L e^{b_L L + c_L L^2 + d_L L^3 + e_L L^4} \tag{2-6}$$

（2）轧制速度影响项：

$$\mu_v = a_v \times [e^{C_2 \{b_v (v-v_0) + c_v (v-v_0)^2 + d_v (v-v_0)^3 + e_v (v-v_0)^4\}}] + f_v \tag{2-7}$$

式中 μ——摩擦系数；

L——工作辊轧制长度，km；

v——出口带钢速度，m/min；

μ_{min}——模型参数（最小值）［常数表数据］；

$a_L \sim e_L$——模型参数（轧制长度影响项）［常数表数据］；

$a_v \sim f_v$——模型参数（速度影响项）［常数表数据］；

v_0——模型参数（标准速度）［常数表数据］，m/min；

C_1——学习系数（基本项）［常数表数据］；

C_2——学习系数（速度影响项）［常数表数据］。

2.1.3 轧辊压扁半径模型

轧辊压扁半径计算采用考虑弹性变形区的 Hitchcock 公式：

$$\Delta h_{eq} = \left(\sqrt{\Delta h_{out}^{e}} + \sqrt{\Delta h^{p}} + \sqrt{\Delta h_{in}^{e}}\right)^2 \tag{2-8}$$

$$\sqrt{\Delta h_{out}^{e}} = \sqrt{\frac{1-\nu^2}{E} h_{out}(k_{out} - t_{out})} \tag{2-9}$$

$$\sqrt{\Delta h^{p}} + \sqrt{\Delta h_{in}^{e}} = \sqrt{h_{in} - h_{out} + \frac{1-\nu^2}{E} h_{out}(k_{out} - t_{out})} \tag{2-10}$$

$$R' = R\left[1 + \frac{16(1-\nu^2)}{\pi E}\frac{F \times 1000}{W \cdot \Delta h_{eq}}\right] \tag{2-11}$$

式中 R'——轧辊压扁半径，mm；

R——轧辊半径，mm；

h_{in}——入口厚度，mm；

h_{out}——出口厚度，mm；

t_{out}——出口单位张力，MPa；

k_{out}——出口变形抗力，MPa；

W——带钢宽度，mm；

F——轧制力，kN；

ν——泊松比（$\nu = 0.3$）［常数表数据］；

E——杨氏模量［常数表数据］；

Δh_{eq}——等效压下率，mm；

Δh^{p}——塑性区压下率，mm；

Δh_{in}^{e}——弹性压缩区压下率，mm；

Δh_{out}^{e}——弹性回复区压下率，mm。

2.1.4 轧制力模型

轧制力计算采用 Bland-Ford-Hill 公式：

$$F = F^{p} + F^{e} \tag{2-12}$$

（1）塑性区轧制力：

$$F^{\mathrm{p}} = Q_{\mathrm{F}}(k_{\mathrm{m}} - \xi)W\sqrt{R'(h_{\mathrm{in}} - h_{\mathrm{out}})} \times \frac{1}{1000} \tag{2-13}$$

$$\xi = \alpha \cdot t_{\mathrm{in}} + \beta \cdot t_{\mathrm{out}} \tag{2-14}$$

$$Q_{\mathrm{F}} = 1.08 - 1.02r + 1.79r\mu\sqrt{1-r}\sqrt{\frac{R'}{h_{\mathrm{out}}}} \tag{2-15}$$

（2）弹性区轧制力：

$$\begin{aligned} F^{\mathrm{e}} &= F_{\mathrm{in}}^{\mathrm{e}} + F_{\mathrm{out}}^{\mathrm{e}} \\ &= \frac{2}{3}\sqrt{\frac{1-\nu^2}{E}k_{\mathrm{m}}\frac{h_{\mathrm{out}}}{h_{\mathrm{in}} - h_{\mathrm{out}}}}(k_{\mathrm{m}} - \xi)W\sqrt{R'(h_{\mathrm{in}} - h_{\mathrm{out}})} \times \frac{1}{1000} \end{aligned} \tag{2-16}$$

式中 F^{p}——塑性区轧制力，kN；

F^{e}——弹性区轧制力，kN；

$F_{\mathrm{in}}^{\mathrm{e}}$——弹性压缩区轧制力，kN；

$F_{\mathrm{out}}^{\mathrm{e}}$——弹性回复区轧制力，kN；

t_{in}——入口单位张力，MPa；

t_{out}——出口单位张力，MPa；

Q_F——轧制力外摩擦影响系数；

r——压下率；

α——入口张力影响系数（模型参数）［常数表数据］；

β——出口张力影响系数（模型参数）［常数表数据］。

2.1.5 轧制力与轧辊压扁的迭代求解

由于轧制力模型与轧辊压扁半径模型有相互耦合的关系，所以要通过迭代的方法求解。如图 2-2 所示，首先，将轧辊压扁半径赋初值及轧辊半径，接着计算轧制力，根据得到的轧制力值，再反算出轧辊半径。然后，判断收敛条件，如果满足收敛条件，求出轧制力与轧辊半径的值，如果不满足条件，继续给轧辊半径赋值进行循环，直到满足收敛条件为止。

2.1.6 轧制力矩及功率模型

（1）Hill 轧制力矩公式：

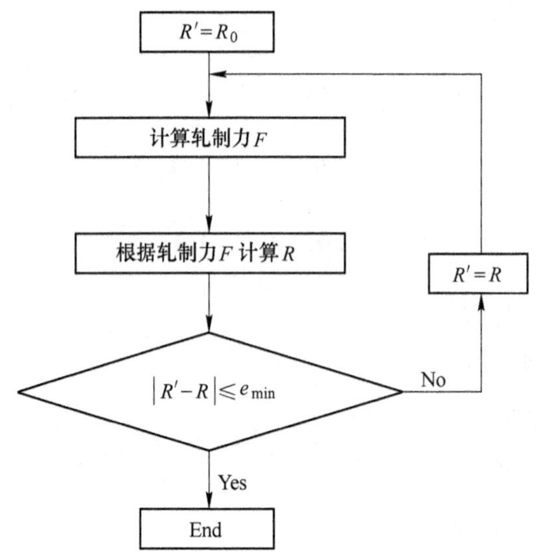

图 2-2 迭代计算程序流程图

$$G = [(k_m - \xi)WR(h_{in} - h_{out})Q_G + t_{in}WRh_{in} - t_{out}WRh_{out}] \times \frac{1}{1000} + \Delta G_L \tag{2-17}$$

$$\xi = \alpha \cdot t_{in} + \beta \cdot t_{out} \tag{2-18}$$

$$Q_G = 1.05 - 0.85r + (0.07 + 1.32r)\sqrt{1 - r}\mu\sqrt{\frac{R'}{h_{out}}} \tag{2-19}$$

机械损失项：

$$\Delta G_L = a_G v_R + b_G \tag{2-20}$$

（2）电机功率模型：

$$P = C_P \frac{1}{\eta} \frac{v_R G}{R} \times \frac{1}{60} \tag{2-21}$$

式中 G——轧制力矩，N·m；

P——电机功率，kW；

v_R——轧辊速度，m/min；

Q_G——轧制力矩外摩擦影响系数；

ΔG_L——机械损失补偿项，N·m；

η——电机效率；

a_G——机械损失系数［常数表数据］；

b_G——机械损失系数［常数表数据］；

C_P——功率学习系数［常数表数据］。

2.1.7 前滑模型

前滑率计算采用公式：

$$f_s = \left(\frac{2R'}{h_{out}^{p}}\cos\varphi_n - 1\right)(1 - \cos\varphi_n) \times 100 + C_{fs} \tag{2-22}$$

中性角：

$$\varphi_n = \sqrt{\frac{h_{out}^{p}}{R'}}\tan\left\{\frac{1}{2}\tan^{-1}\left[\sqrt{\frac{R'}{h_{out}^{p}}}\cos^{-1}\left(1 - \frac{1}{2}\frac{h_{in}^{p} - h_{out}^{p}}{R'}\right)\right] - \frac{1}{4\mu\sqrt{\dfrac{R'}{h_{out}^{p}}}}\ln\left(\frac{h_{in}^{p}}{h_{out}^{p}}\frac{1 - t_{out}/k_{out}}{1 - t_{in}/k_{in}}\right)\right\} \tag{2-23}$$

塑性区入口厚度：

$$h_{in}^{p} = h_{in} - \frac{1 - \nu^2}{E}h_{in}(k_{in} - t_{in}) \tag{2-24}$$

塑性区出口厚度：

$$h_{out}^{p} = h_{out} - \frac{1 - \nu^2}{E}h_{out}(k_{out} - t_{out}) \tag{2-25}$$

式中 f_s——前滑率；

φ_n——中性角；

h_{in}^{p}——塑性区入口厚度，mm；

h_{out}^{p}——塑性区出口厚度，mm；

C_{fs}——学习系数［常数表数据］。

2.1.8 轧机刚度模型

轧机刚度计算采用公式：

$$M = M_0 + a_M(W - W_0) + b_M(D_{WR} - D_{WR0}) + c_M(D_{BUR} - D_{BUR0}) \tag{2-26}$$

由轧机刚度标准曲线图 2-3 得到轧机刚度基准值 M_0:

$$M_0 = \frac{F_{j+1} - F_j}{S_{ej+1} - S_{ej}} \tag{2-27}$$

式中 M_0——轧机刚度基准值，kN/mm；

S_{ej}，F_j——轧机标准曲线点［常数表数据］。

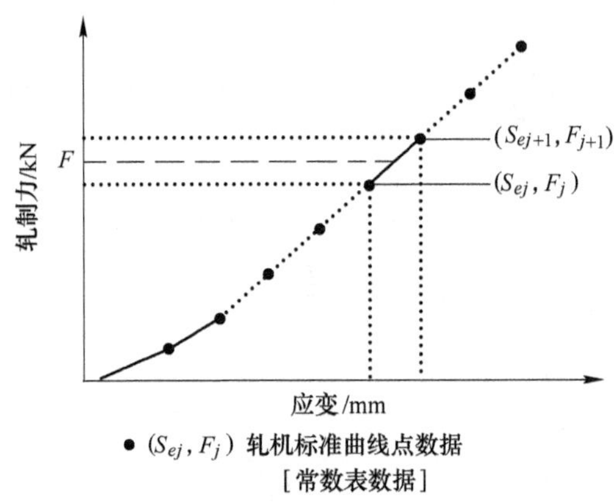

图 2-3 轧机刚度标准曲线图

2.1.9 出口厚度计算模型

出口厚度计算采用公式：

$$h_{out} = S + \frac{F - F_{ZEROING}}{M} + C_S \tag{2-28}$$

式中 h_{out}——出口厚度，mm；

S——辊缝值，mm；

C_S——学习系数，厚度计误差，mm；

M——轧机刚度，kN/mm；

F——实际轧制力，kN；

$F_{ZEROING}$——调零轧制力，kN。

2.2 轧制规程和轧机设定计算

轧制规程和轧机设定计算是过程控制系统的核心部分，程序流程如图 2-4

所示。合理的轧制规程能够降低能耗和轧辊磨损，获得良好的板形和表面光洁度，保障轧制过程顺利进行，是进行温轧实验的必要保障。

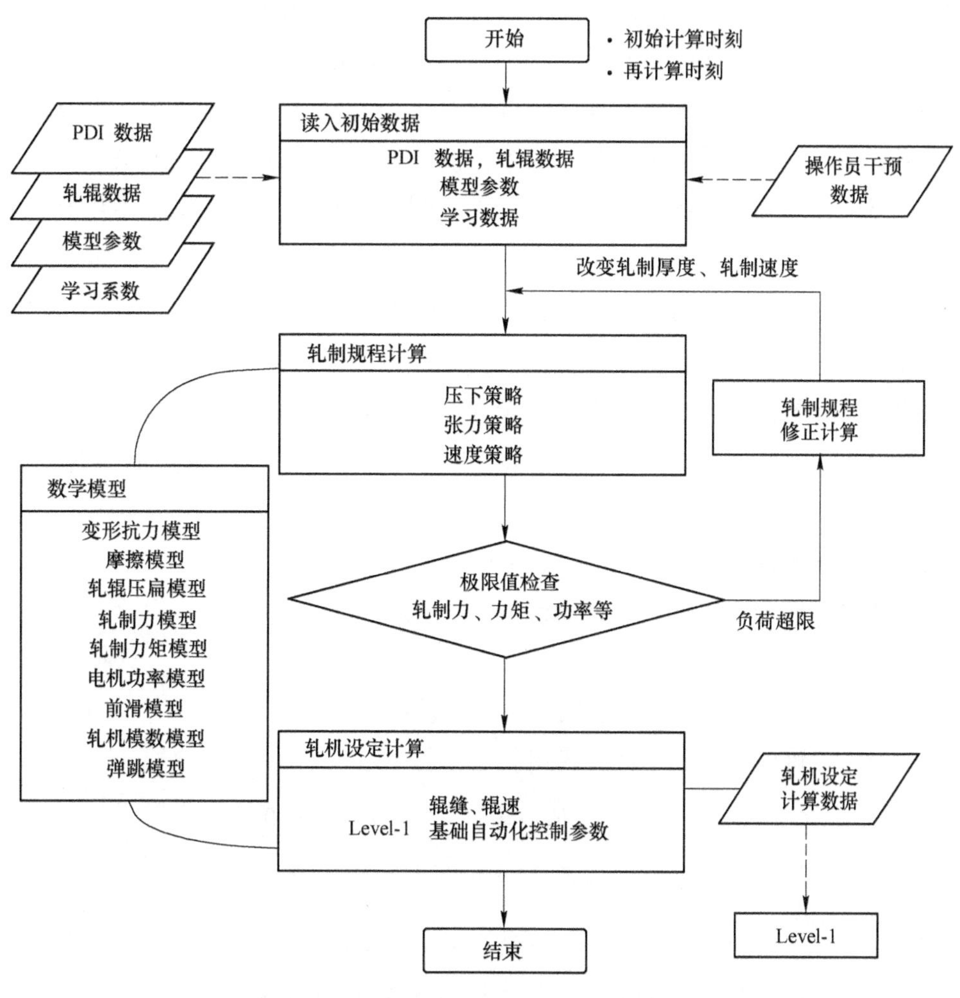

图 2-4 设定计算流程图

2.2.1 轧制规程计算

轧制规程的计算包括厚度制度、张力制度及速度制度的制定。轧制规程的制定原则是在保证安全连续生产的情况下获得最高的生产效益。对于单机架，要首先确定总的轧制道次。当轧制总道次数确定为某定值之后，使用迭代方法使得负荷在各轧制道次按要求的比例进行分配，并进行极值检查。如果有负荷的超限存在，则进行相应的修正，如果修正后仍不能保证轧制过程的顺利进行，则增加总轧制道次数。轧制规程的计算如图 2-4 所示，根据选定的轧制策略，对各道次的厚度进行负荷分配，得到最终的压下规程。

规程计算流程如图 2-5 所示。首先是原始数据的输入，其中包括钢种数据，轧机数据，模型参数等等。接着判断是否需要进行规程计算，规程计算的第一步先是求出总的道次数，因为实验轧机轧制的速度不是很快，电机都不会超出负荷，所以我们用轧机的最大轧制力来判断，来料共需要几道次的轧制能轧到成品厚度。接着是首末道次的预设定，根据原始数据确定出首末道次的轧制参数，中间道次的厚度需要通过在无数途径中确定一个压下途径，假设有 n 个道次，则必须给出 $n-1$ 个约束条件。这 $n-1$ 个约束条件是各道次的负荷分配比。轧制过程中，由于各道次的轧制力、轧制功率和压下率都是该道次入口厚度和出口厚度的函数，因此，可以将负荷函数 p_i 表示为：

$$p_i = f(h_{i-1}, h_i) \tag{2-29}$$

式中 h_i——第 i 道次出口厚度（$i=1, 2, \cdots, n$）。

若给定各个道次的负荷分配比为：

$$p_1 : p_2 : \cdots : p_n = \alpha_1 : \alpha_2 : \cdots : \alpha_n \tag{2-30}$$

式中 $\alpha_1, \alpha_2, \cdots, \alpha_n$——道次负荷分配系数。

那么，可以获得如下的方程组：

$$\begin{aligned} f_1(h_0, h_1, h_2) &= p_1/\alpha_1 - p_2/\alpha_2 = 0 \\ f_2(h_1, h_2, h_3) &= p_2/\alpha_2 - p_3/\alpha_3 = 0 \\ &\vdots \\ f_{n-1}(h_{n-2}, h_{n-1}, h_n) &= p_{n-1}/\alpha_{n-1} - p_n/\alpha_n = 0 \end{aligned} \tag{2-31}$$

对上面的方程组（2-31），使用迭代方法对其求解。使用 Newton-Raphson 迭代法计算。首先计算方程组的 jacobi 矩阵 $\boldsymbol{J} = \boldsymbol{f}'(\boldsymbol{X}^{(k)})$，然后根据 $\boldsymbol{X}^{(k+1)} = \boldsymbol{X}^{(k)} - \boldsymbol{J}^{-1}\boldsymbol{f}(\boldsymbol{X}^{(k)})$ 获得下次迭代的初值，直至满足收敛条件。利用 Newton-Raphson 法，从而可以求得每个道次的出口厚度。得到各道次的入口厚度和出口厚度，再利用数学模型公式计算出各道次的主要参数。输出各个道次计算的数据值，包括各个道次的出口厚度、压下率、前后张力、变形抗力、轧制力、速度、功率及力矩等。

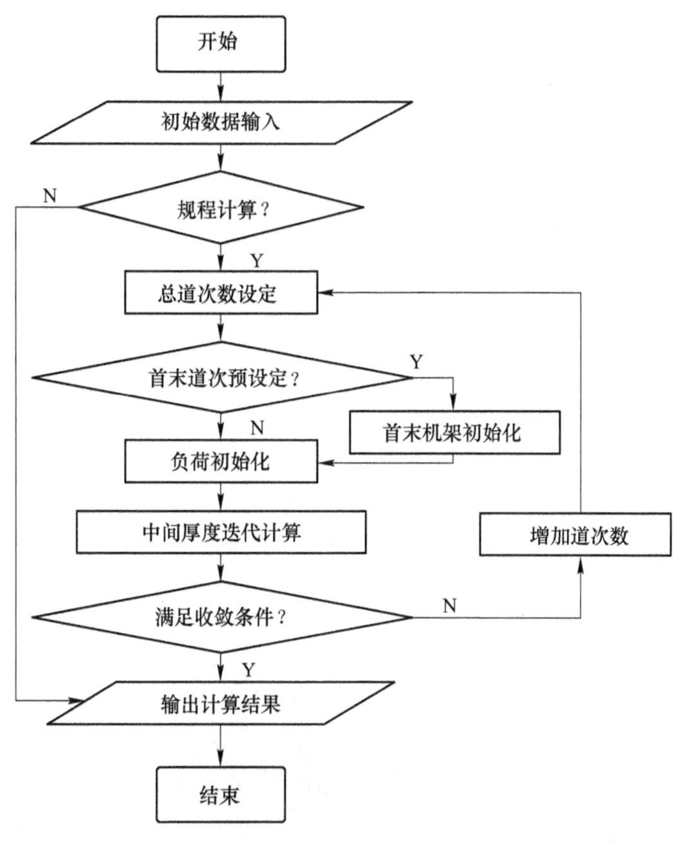

图 2-5 规程计算流程图

2.2.2 轧制规程极限值检查及修正

对计算得到的轧制规程需要进行如下的极限值检查，如果超限，根据不同的情况进行不同的处理。

(1) 轧制力极限值检查修正。如果有部分道次的轧制力出现超限情况，可以通过修正功能，修正本道次的带钢出口厚度，减小压下率，以降低超限道次的轧制力。超限部分压下率根据负荷分配比分配到未超限道次上，重新根据轧制力按比例分配进行负荷分配计算，并再次进行极限值检查，通过循环计算直到所有道次的轧制力都在极限值范围内。设道次号 i ($i=1, 2, \cdots n$, n 为总道次数)。其中，轧制力超限道次号为 j，轧制力不超限道次号为 k。按原负荷分配比例系数，由模型计算出的超限机架轧制力超限量为式(2-32)：

$$\Delta F_j = F_j - F_{\mathrm{limit\_}j} \tag{2-32}$$

式中 ΔF_j——轧制力超限量；

F_j——轧制力计算值；

$F_{\mathrm{limit\_}j}$——轧制力极限值。

各超限道次轧制力超限量总和 sumΔF 和非超限道次轧制力总和 sum$F$，由式（2-33）、式（2-34）确定：

$$\mathrm{sum}\Delta F = \Sigma \Delta F_j \tag{2-33}$$

$$\mathrm{sum}F = \Sigma F_k \tag{2-34}$$

所有道次轧制力平均值为：

$$\mathrm{Aver}F = \sum_{i=1}^{n} \frac{F_i}{n} \tag{2-35}$$

修正后超限道次负荷分配比例系数 α_j 和非超限道次负荷分配比例系数 α_k，由式（2-36）、式（2-37）确定：

$$\alpha_j = \frac{F_{\mathrm{limit\_}j}}{\mathrm{Aver}F} \tag{2-36}$$

$$\alpha_k = \left(1 + \frac{\mathrm{sum}\Delta F}{\mathrm{sum}F}\right) \times \frac{F_k}{\mathrm{Aver}F} \tag{2-37}$$

当在实验轧机上进行实验且把中间各道次负荷分配系数设为相同值时，若有一个道次轧制力超限，则中间各道次均超限，这时只能增加轧制的总道次数。

（2）张力的极限值检查修正。进行张力设定时，是对单位张力进行设定，由于加工硬化的存在，可能会产生总张力的超限，因此有必要对总张力进行极限值检查和修正。

（3）功率的极限值检查修正。某一道次的轧制功率超限，可以通过调整轧制速度进行修正。由于对任意轧制道次来讲，轧制功率是轧制速度的单调递增函数，因此，可以应用对分法快速地找到当轧制功率为最大值时轧制速度的值。若进行速度设定时仍然保持与连轧一样的秒流量相等，则速度的修正可以看作最末道次出口速度的修正。

若当前的出口速度为 v_n 时的轧制功率大于最大允许功率，那么用对分法搜索得到合理的 v_n。令 a 和 b 分别为出口最大速度 $v_{\max}$ 和出口最小速度 $v_{\min}$，

利用迭代 $v_n=(a+b)/2$ 获得下一个出口速度。在该速度下进行功率校核，如果仍然超限，则令 $a=v_n$、$b=v_{\min}$，之后进行迭代计算 $v_n=(a+b)/2$ 获得下一个出口速度，并令 $v_{\max}=v_n$；如果不超限，则令 $a=v_{\max}$、$b=v_n$，之后进行迭代计算 $v_n=(a+b)/2$ 获得下一个出口速度，并令 $v_{\min}=v_n$。进行多次（最多20次即可以获得较为理想的值）循环即可获得合理的出口速度 v_n。

2.2.3 轧机的设定计算

（1）辊缝设定计算。在轧制过程中，轧件与轧机相互作用，轧件受轧机作用力产生塑性变形（当然也伴有微小的弹性变形），而轧机受轧件的作用力产生弹性变形，轧辊产生弯曲变形，影响到轧件的厚度和板形。由于薄板带的厚度和轧制时的压下量有时比轧机的弹跳值还要小，并且对不均匀的敏感性很大，所以，必须对轧机的辊缝进行准确的设定，才能轧出符合要求的产品。

轧机辊缝的设定是通过出口厚度模型式（2-28）来确定的。首先通过式（2-27）获得轧机刚度。根据式（2-28）可知：$S=h_{\text{out}}-\dfrac{F-F_{\text{ZEROING}}}{M}-C_S$，当目标出口厚度为 h_{out}时，设定辊缝为 S。

（2）张力设定计算。张力在冷轧过程中可以起到降低轧制力、防止带钢跑偏、补偿沿宽度方向轧件的不均匀变形等作用。实际中，若张力过大会把带钢拉断或产生拉伸变形，若张力过小则起不到应有的作用。因此，张力的合理设定对冷轧生产具有十分重要的意义。

轧制过程中张力的选择主要是指单位面积上的平均张应力 σ_T，即：

$$\sigma_T=\frac{F_T}{B} \tag{2-38}$$

式中 σ_T——单位面积上的平均张力，kN/m^2；

B——带钢的横截面积，m^2；

F_T——作用于带钢横截面 B 上的张力，kN。

张力制度建立的原则是单位张力应当尽量选择较高一些，有利于降低轧制力，从而提高温轧机的轧薄能力，但是不应超过带钢的屈服极限 σ_s，防止轧件拉断。根据经验，σ_T 的值为：$\sigma_T=(0.1\sim0.6)\sigma_s$。具体取值，要考虑带钢的材质、板形、厚度波动、带钢的边部减薄等情况。对于单机架可逆式轧制，σ_T 值取 $\sigma_T=(0.2\sim0.4)\sigma_s$ 的范围内。在轧制中，若带钢中部出现波浪应减小张力，以防止拉裂和断带；若带钢边部出现波浪，则应适当增加张力，以消除边部波浪。张力大小的选择主要目的是获得良好的板形并适当降低轧制总压力提高轧制效率。张力大小通常是根据经验数据设定的。可以选择入（出）口张应力为入（出）口变形抗力的1/3或1/5，而当总张力超过卷取机所能提供的最大总张力时，设定总张力为液压缸最大张力。在实际实验过程中，通常给定一个单位张力值，在一个轧程的各个道次均保持该值不变。操作工可以根据目测的板形情况，实时调节张力大小。

（3）速度设定计算。对于单机架可逆轧制，无须考虑秒流量相等的原则，只需根据主电机的负荷情况制定速度制度。由于电机负荷较小，并且为了节省实验材料消耗，便于数据采集，所以实验时通常采用较小的速度值。

2.3 变形区温度模型

根据温轧实验机的轧制工艺流程，利用有限元数值模拟软件DEFORM-3D对常温下难变形金属温轧工艺进行数值模拟实验，研究轧辊温度、轧件温度、轧制速度、压下率和轧件厚度等工艺参数对变形区温度的影响规律，同时建立变形区出口温度数学模型，为温轧实验的工艺制定提供依据。

2.3.1 模型建立

数值模拟轧制过程需要依据温轧过程的实际情况而定。由于轧制过程的对称性，数值模拟可以选取轧件的1/4和上工作辊的1/2建立几何模型，并用空心轧辊（表层厚度10mm）来代替实际轧辊，从而降低划分网格数目，减小计算量，节省计算时间。

在DEFORM-3D软件中，这一轧制过程可以简化为以下两步来完成：

首先，要完成轧辊从接触轧件到轧辊到达预设辊缝的阶段。数值模拟中采用直接压下，这一过程时间比较短。在这一阶段各项参数处理完毕后，将文件保存为DB文件和key文件进行有限元计算，最后通过后处理观察该计算过程是否达到预期目标。

之后是稳定轧制阶段。若第一阶段计算结果符合要求，则打开第一阶段的 key 文件，将其最后一个计算步设置为第二阶段的第一个计算步，设置好第二阶段的各项参数后，可以保存为新的 DB 文件或是仍然在旧的 DB 文件下加入计算过程，然后进行有限元分析计算即可，此时则完成了第二步的稳定轧制过程。

最后进行后处理，得到期望的温度场数据。若第二阶段保存为新的 DB 文件名，则后处理时只能看到稳定轧制过程；若保存为旧的 DB 文件名，最后在后处理过程中可以得到完整的温轧过程，并对整个过程进行必要的分析。

在设置好数值模拟实验的各项参数后，需要设定轧件和轧辊的边界条件：

对于轧件来说，需要设定两个对称面和两个传热面。很显然，轧件有两个对称面，其在对称面的法线方向上的位移将被约束，即位移为 0；传热面将选取轧件与轧辊接触的轧制面和纵向表面，其他四个表面被设置为绝热面，即热交换系数为 0。

对于轧辊（上工作辊）来说，需要设定一个对称面和一个传热面。轧辊在对称面法向的位移被约束，即位移为 0，由于数值模拟实验分为两个步骤进行，其运动方向，先是垂直两下，之后是以其轴线为中心进行旋转运动；将轧辊外表面设置为传热面，其他表面设置为绝热面，即热交换系数为 0。最后设置轧辊与轧件的接触条件即可。

轧件的变形区温度是一个温度范围。轧件上的某一点在进入变形区到离开变形区的这段时间内，其温度会呈一定的趋势变化。一般情况下，厚板轧件可以通过侧壁埋入热电偶获得其通过变形区时的温度变化曲线。对于薄板轧件，采用轧件表面焊接热电偶的方法可以获得轧件表层经过变形区时的温度。但是这种方法往往会受到外界因素的干扰，例如，轧件加热时的电流干扰以及热电偶的黏连或脱落情况等。同时，薄板轧件历经变形区的时间较短，热电偶外接测温仪器的采样频率受限，变形区温度变化曲线不能包含所有的温度信息，而且，薄板轧件内部温度无法监测。通过有限元数值模拟实验，合理设置步长，可以方便地监测薄板轧件的变形区温度。

2.3.2 正交设计及实验

在数值模拟实验中，为了研究温轧过程中的轧辊温度、轧件温度、轧制速度、压下率和轧件厚度等 5 个工艺参数对变形区温度的影响规律，需要研究5个工艺参数对变形区出口温度的影响规律。若是将所有的情况都模拟一遍，则会进行 $5^5=3125$ 次的数值模拟过程，费时费力，还不利于分析讨论。所以本节采用正交实验设计方法，合理安排实验过程，利用已有的有限元模型进行温轧过程的温度场数值模拟实验。之后，利用 Origin 软件对数值模拟数据进行多元非线性回归拟合，建立变形区出口温度的数学模型，从而可以为温轧工艺的制定提供依据。

正交实验设计（Orthogonal experimental design）是一种研究多因素多水平的设计方法，这种设计具有“均匀分散，整齐可比”的优点，由于它是根据正交性从全面实验中挑选出部分具有代表性的点进行实验，所以是一种高效、快速、经济的实验设计方法。使用正交实验设计方法时，要按正交表来安排实验。正交表中的实验条件称为因子；每个条件选取的实验值称为水平，一般用1、2、3、4等数字代替。

一般将正交表记为 $L_n(m^k)$，L 表示正交表；n 是表的行数，也就是要安排的实验次数；k 是表中的列数，表示因子的个数；m 是各因子的水平数。例如 $L_9(3^4)$，表示它只需做9次实验，最多能够考察4个因子，每个因子均有3个水平。正交表有下边两个重要的性质：

（1）每列中不同数字出现的次数是相等的，例如 $L_9(3^4)$，每列中不同的数字是1、2、3，它们各出现3次。

（2）在任意两列中，将同一行的两个数字看成有序数对时，每种数对出现的次数是相等的，如3因子3水平的实验，采用 $L_9(3^4)$ 表，有序数对共有9个：（1，1）、（1，2）、（1，3）、（2，1）、（2，2）、（2，3）、（3，1）、（3，2）和（3，3），它们各出现一次。

简单来说，正交表中的“正交”，即指每个因子的每个水平与任意一个因子的每个水平各组合一次；同时正交表的上述两点性质体现了正交实验设计“均匀分散，整齐可比”的两大优点。

2.3.3 结果分析

数值模拟实验中，为了研究温轧过程中的轧辊温度、轧件温度、轧制速度、压下率和轧件厚度等5个工艺参数对变形区温度的影响规律，我们研究的是5水平（轧辊温度、轧件温度、轧制速度、压下率和轧件厚度）5因子的实验设计，故采用 $L_{25}(5^6)$ 的正交表，即通过 25 次数值模拟实验对温轧过程中的温度场进行数值模拟实验。根据 $L_{25}(5^6)$ 的正交表安排数值模拟实验方案，并将正交实验的结果分析由表 2-1 给出。

表 2-1 正交实验结果分析

实验	轧辊温度/℃	轧件温度/℃	轧制速度/m·s⁻¹	压下率/%	轧件厚度/mm	变形区出口温度/℃
1	100	200	0.1	15	1	161
2	100	225	0.12	20	1.5	189
3	100	250	0.14	25	2	214
4	100	275	0.16	30	3	239
5	100	300	0.18	35	4	264
6	125	200	0.12	25	3	202
7	125	225	0.14	30	4	224
8	125	250	0.16	35	1	213
9	125	275	0.18	15	1.5	248
10	125	300	0.1	20	2	233
11	150	200	0.14	35	1.5	214
12	150	225	0.16	15	2	227
13	150	250	0.18	20	3	253
14	150	275	0.1	25	4	244
15	150	300	0.12	30	1	227
16	175	200	0.16	20	4	229
17	175	225	0.18	25	1	231
18	175	250	0.1	30	1.5	230
19	175	275	0.12	35	2	254
20	175	300	0.14	15	3	279
21	200	200	0.18	30	2	247
22	200	225	0.1	35	3	249
23	200	250	0.12	15	4	254
24	200	275	0.14	20	1	252
25	200	300	0.16	25	1.5	281
水平 1 平均值/℃	213.4	210.6	223.4	233.8	216.8	
水平 2 平均值/℃	224	224	225.2	231.2	232.4	
水平 3 平均值/℃	233	232.8	236.6	234.4	235	
水平 4 平均值/℃	244.6	247.4	237.8	233.4	244.4	
水平 5 平均值/℃	256.6	256.8	248.6	238.8	243	
极差/℃	43.2	46.2	23.4	7.6	27.6	

根据表 2-1 的分析数据，对正交实验进行直观分析可知，各工艺参数对变形区出口温度的影响大小规律为：轧件温度 > 轧辊温度 > 轧件厚度 > 轧制速度 > 压下率。下面绘制出变形区出口温度随各工艺参数的变化趋势图，如图 2-6 所示。

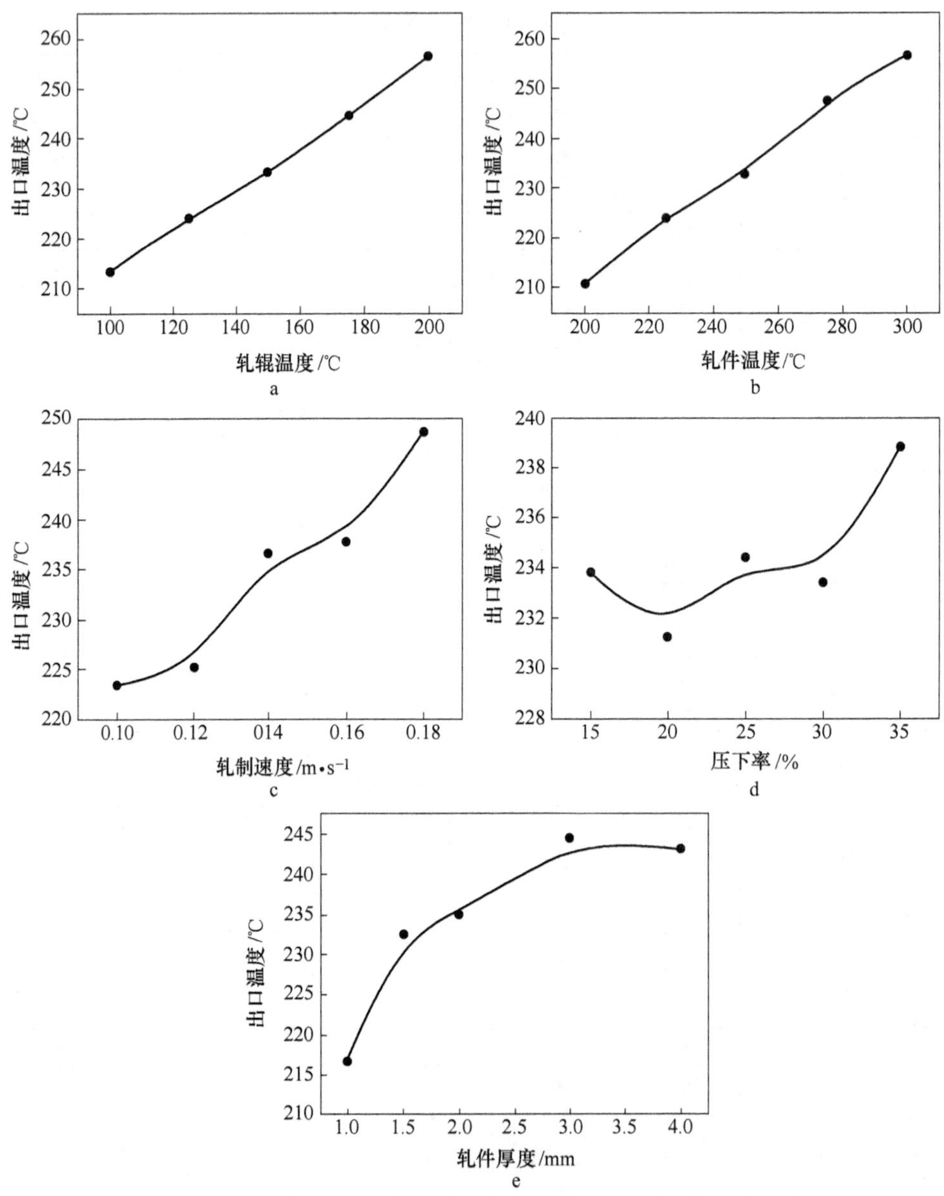

图 2-6　各因子对变形区出口温度的影响规律

a—轧辊温度；b—轧件温度；c—轧制速度；d—压下率；e—轧件厚度

由图 2-6 可以观察到，随着轧辊温度从 100℃升高到 200℃时，轧件变形区出口温度从 213.4℃升到 256.6℃，轧辊温度从 200℃增加到 300℃后，轧件变形区出口温度从 210.6℃递升到 356.8℃，这两个工艺参数对轧件变形区的影响成线性关系；当轧制速度增大时，轧件变形区出口温度成非线性关系增加，这是因为轧制速度升高使轧件单位时间内变形热增加，以及轧件接触热损的时间缩减的综合结果；压下率从 15% 到 35% 变化时，对变形区出口温度的影响最小，使温度在很小的范围成二次函数关系变化；当轧件厚度从 1mm 增大到 4mm 时，变形区出口温度呈现非线性增加趋势。

正交实验的结果可以反映各工艺参数对变形区出口温度的影响规律，但是不能直观反映工艺参数通过怎样的方式来影响变形区温度以及变形区出口温度。

根据各工艺参数（因子）对变形区出口温度的影响规律，将轧辊温度和轧件温度与变形区出口温度设为一次函数关系；将轧制速度与变形区出口温度设为三次函数关系；将压下率和轧件厚度与变形区出口温度设为二次函数关系。经过多次拟合回归后，将变形区出口温度数学模型确定为如下形式：

$$T_{\text{outlet}} = a_2 \cdot T_{\text{roll}} + b_2 \cdot T_{\text{plate}} + c_1 \cdot v^3 + d_1 \cdot \eta^2 + d_2 \cdot \eta + e_1 \cdot H^2 + e_2 \cdot H + f \tag{2-39}$$

式中 T_{outlet}——变形区出口温度，℃；

T_{roll}——轧辊温度，℃；

T_{plate}——轧件温度，℃；

v——轧制速度，m/s；

η——压下率；

H——轧件厚度，mm；

a_2，b_2，c_1，d_1，d_2，e_1，e_2，f——数学模型的回归系数。

把正交实验的 25 组数值模拟数据结果（见表 2-1），导入 Origin 软件中，建立式（2-38）模型后，进行多元非线性拟合回归，得到模型的回归系数，列于表 2-2 中。

表 2-2 数学模型的回归系数

a_2	b_2	c_1	d_1	d_2	e_1	e_2	f
0.428	0.4632	5184.71105	337.14286	-144.17143	-5.12068	33.69723	7.16158

结果显示其相关系数 R 值为 0.99127。

将上述模型回归系数代入公式（2-39），就得到了变形区出口温度数学模型，其表达式为：

$$T_{\text{outlet}} = 0.428T_{\text{roll}} + 0.4632T_{\text{plate}} + 5184.71105v^3 + 337.14286\eta^2 - 144.17143\eta - 5.12068H^2 + 33.69723H + 7.16158 \quad (2\text{-}40)$$

下面将对此数学模型进行误差分析。图给出了正交实验研究的数值模拟结果与数学模型的计算结果的比较。

由图 2-7 可以看出，数学模型计算结果与数值模拟结果比较均匀的分布在平分线周围，正交实验研究结果与数学模型结果的误差在 ±8℃，大部分结果误差集中在 ±5℃之间。因此，公式（2-40）表示的变形区出口温度数学模型，能够很好地反映各工艺参数对变形区出口温度的影响情况，可以有效预估变形区出口温度。

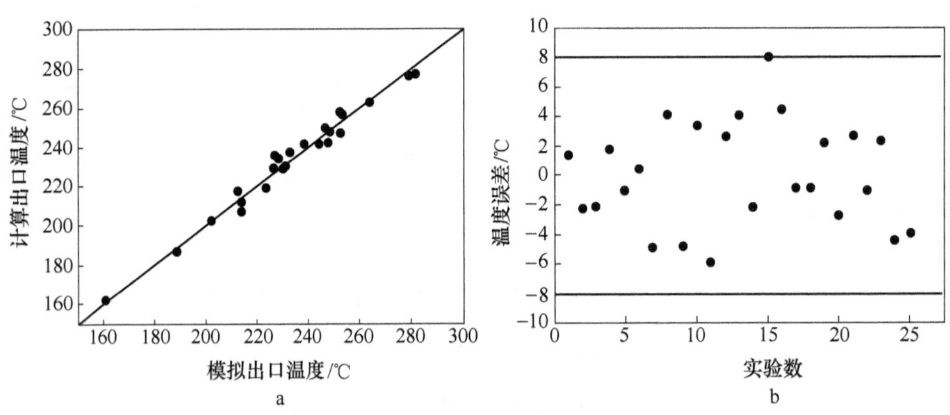

图 2-7 数值模拟结果与数学模型计算结果的误差分析

同样，利用变形区出口温度数学模型计算了单变量研究实验的变形区出口温度，并与其数值模拟结果进行了比较。图 2-8 给出了单变量研究实验的数值模拟结果和数学模型计算结果的比较分析。

由图 2-8 可以看出，数学模型计算结果与数值模拟结果比较均匀的分布在平分线周围，单变量研究结果与数学模型结果的误差在 ±7℃之内，大部分结果误差集中在 −4℃到 3℃。因此，公式（2-39）表示的变形区出口温度数学模型，能够很好的反映各工艺参数对变形区出口温度的影响情况，可以用于计算变形区出口温度。

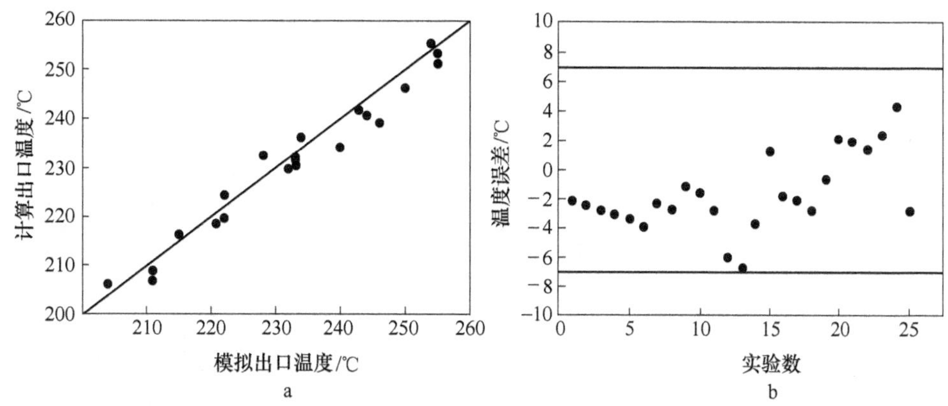

图 2-8 数值模拟结果与数学模型计算结果的误差分析

2.3.4 实验验证

在进行温轧工艺制定之前，需要验证变形区出口温度数学模型对现场实际轧制情况的适用程度。图 2-9 和表 2-3 分别给出了温轧实验的现场和实测数据。

将现场的温轧工艺参数带入到已知的变形区出口温度数学模型中进行计算，并将计算而得的温度值与实测温度值进行对比分析，比较结果如图 2-9 所示。

1 号工艺各道次实测温度与数学模型的计算温度差值分别为：−9.1℃和 −8.8℃；2 号工艺的温差分别为：6.4℃和 1.3℃；3 号工艺的温差分别为：9.7℃、4.1℃ 和 −3.3℃；4 号工艺的温差分别为：4.7℃、−2.5℃、−8.1℃、−7.2℃和 −7.6℃；5 号工艺的温差分别为：4.2℃、3.7℃和 −9℃；6 号工艺的温差分别为：4.7℃、6.7℃和 −4.5℃。

可以看出，该数学模型的精度为 ±10℃，此误差范围比数值模拟数据的误差范围要大，但是这是我们可以接受的误差范围。

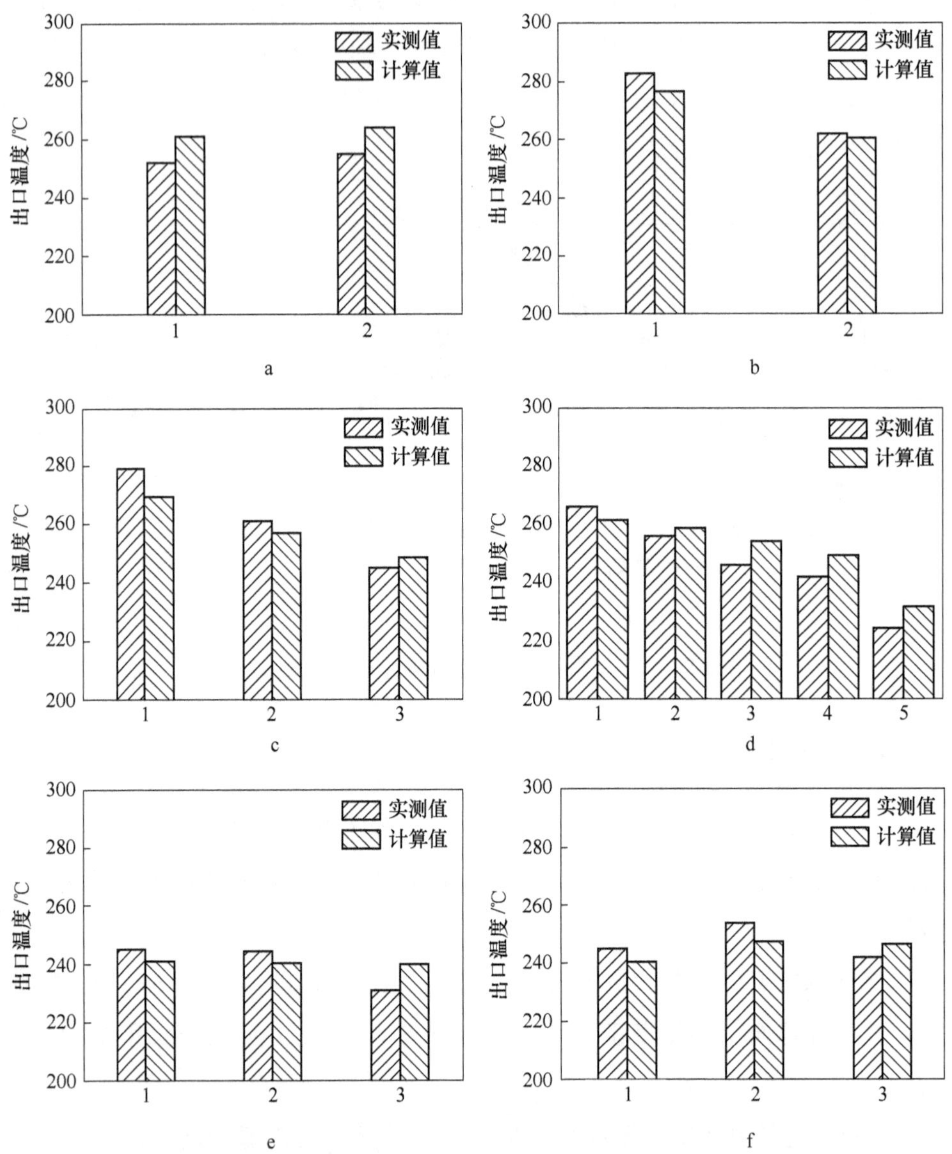

图 2-9　实测数据与计算数据的比较

a—1 号工艺；b—2 号工艺；c—3 号工艺；d—4 号工艺；e—5 号工艺；f—6 号工艺

同时可以看出，各道次之间的偏差值没有明显的规律可循，表明该变形区出口温度数学模型的计算结果具有一定的随机性。考虑到数学模型本身对变形区出口温度预测的误差随机性，以及温轧实验现场的人为及工况误差，此数学模型可以为温轧工艺的制定提供依据。

表 2-3 温轧实验的实测数据

实验	道次	轧辊温度/℃	轧件温度/℃	轧制速度/$m \cdot s^{-1}$	压下率	轧件厚度/mm	变形区出口温度/℃
1 号	1	150	297	0.1	0.3789	3.95	252
	2	150	311	0.12	0.3109	2.453	255
2 号	1	200	267	0.11	0.4286	3.95	283
	2	200	249	0.12	0.3777	2.258	262
3 号	1	200	267	0.11	0.3694	3.95	279
	2	200	249	0.12	0.3101	2.491	261
	3	200	246	0.14	0.2164	1.718	245
4 号	1	200	259	0.11	0.322	3.95	266
	2	200	255	0.12	0.2557	2.678	256
	3	200	247	0.14	0.2762	1.993	246
	4	200	243	0.16	0.2313	1.443	242
	5	200	228	0.15	0.1982	1.109	224
5 号	1	200	221	0.11	0.2692	3.95	245
	2	200	212	0.12	0.2681	2.887	244
	3	200	216	0.14	0.2061	2.113	231
6 号	1	200	218	0.11	0.2895	3.95	245
	2	200	228	0.12	0.2739	2.807	254
	3	200	232	0.14	0.2149	2.038	242

2.4 本章小结

温轧规程设定模型是液压张力温轧机过程控制系统的核心，本章详细介绍了轧制规程设定模型和变形区温度模型。过程计算机采用轧制规程设定模型计算辊缝、速度、左张力、右张力设定值，通过变形区温度模型计算轧件温度和轧辊温度设定值。为了提高模型计算精度，轧制规程设定模型引入自学习系数对模型参数进行不断修正；变形区温度模型由有限元数值模拟和实测数据回归得出，经现场实验验证计算精度可达 ±10℃。

3 薄板温轧过程中的宽展及厚度软测量

厚度尺寸是轧制板材的重要指标，由于多种因素的干扰，轧制出的钢板厚度尺寸总会有所波动。如何控制板材成品厚度尺寸精度，一直是许多专家学者以及轧钢企业研究和急需解决的问题，而厚度测量技术是厚度控制过程中的最关键环节。传统的冷轧实验轧机一般是安装测厚仪或者通过实验人员手工测量带钢厚度，由于液压张力温轧机的液压张力夹持装置跟随轧件来回移动，紧凑的设备布局不利于测厚仪的安装，也不方便操作人员进行带钢厚度的手工测量，因此开发了薄板温轧厚度软测量技术，重点研究了与常规热轧不同的薄板温轧宽展模型。

3.1 厚度软测量原理

3.1.1 软测量的基本思想

软测量的思想以及由此形成的软测量技术是过程控制和检测领域出现的一种新思路与新技术，其理论体系正在逐渐完善，是目前检测和过程控制研究发展的重要方向。软测量技术的理论根源是 20 世纪 70 年代 Brosillow 提出的推断控制。推断控制的基本思想是采集过程中比较容易测量的辅助变量，通过构造推断控制器来估计并克服扰动和测量噪声对过程主导变量的影响。推断控制策略包括估计器和控制器的设计，两部分的设计可以独立进行，给设计带来极大地便利。控制器的设计可采用传统或先进控制方法。估计器的设计是根据某种最优准则，选择一组既与主导变量有密切联系，又容易测量的辅助变量，通过构造某种数学关系，实现对主导变量的在线估计。软测量技术正体现了估计器的特点，在以软测量的估计值作为反馈信号的控制系统中，软测量仪表除了能“测量”主导变量，还可估计一些反映过程特性的工艺参数，为实现产品质量的实时检测与控制奠定基础软测量技术，主要由辅助变量的选择、数据采集与处理、软测量模型几部分组成。

（1）辅助变量的选择。主要是明确软测量的任务，确定主导变量，深入了解和熟悉装置的工艺流程，通过机理分析初步确定辅助变量。辅助变量包括变量类型、变量数目和检测点位置。辅助变量的选择应符合关联性、特异性、过程适应性、精确性和鲁棒性。辅助变量的下限是被估计的主导变量数，但是上限没有统一的理论指导，可以根据系统的自由度和生产过程的特点适当的增加上限值。

（2）数据采集与处理。理论上数据采集量是多多益善，不仅可以用来建模还可以检验模型。为了保证软测量的精确性，数据采集要正确、可靠，并且进行处理、换算和误差处理。换算包括标度、转换和权函数三个方面。误差分析主要是指随机误差和过失误差。随机误差可以采用滤波的方法解决，过失误差的解决方法有统计假设校验法、神经网络方法等。

（3）软测量模型。建立数学模型是软测量技术的重要组成部分，常用的建模方法有机理建模、统计回归建模和人工智能、神经元网络建模等。机理建模是根据生产过程中各物料、热量间的平衡关系和有关的物理、化学等基本规则及定理等，在一定的较为合理的假设条件下得到的数学模型；统计回归建模是根据统计学的原理，通过大量实时的能够检测到的数据，用统计回归的方法建立主导变量与辅助变量间的数学模型；人工智能和神经元网络建模是根据人工神经元网络的自学习功能，来对大量辅助变量的实时数据进行学习，并根据学习的结果建立数学模型。它对对象中的非线性和纯滞后有较好的应用效果，这种建模方法有较强的鲁棒性和不需先验知识，正成为软测量技术中建模的有效方法。

3.1.2 厚度软测量的基本原理

由于液压张力温轧机的紧凑布局和工艺要求，无法在轧机本身安装测厚的装置，致使厚度测量无法直接获得，厚度的软测量法很好地解决了这一问题。

液压张力温轧机轧制过程带钢厚度的软测量方法，是通过两侧液压张力缸内的位移传感器精确测量两侧夹头夹持下的带钢位移变化量，按轧制过程的体积不变原则，间接测量出带钢厚度。

轧制过程体积不变原则用如下公式表示：

$$H \times L_{H} \times B = h \times L_{h} \times b \tag{3-1}$$

式中 H——轧制过程入口带钢的厚度，mm；

B——轧制过程入口带钢的宽度，mm；

L_{H}——轧制过程入口带钢的位移变化量，mm；

h——轧制过程出口带钢的厚度，mm；

b——轧制过程出口带钢的宽度，mm；

L_{h}——轧制过程出口带钢的位移变化量，mm。

对于液压张力温轧机进行带钢冷轧时，轧制前后带钢宽度的变化量很小，可以忽略，即认为 $B=b$，上式可简化为：

$$H \times L_{H} = h \times L_{h} \tag{3-2}$$

对上式进行变换，得到公式：

$$h = H \times \frac{L_{H}}{L_{h}} \tag{3-3}$$

对于第一道次，H 即为原料厚度，可以在实验开始前很方便地人工测量得到，实验过程中，可以通过轧机前后张力液压缸内的位移传感器精确测量带钢入口位移变化量 L_{H} 和出口位移变化量 L_{h}，通过上式即可得到出口带钢厚度 h 的精确测量值。

对于温轧过程，轧制前后带钢宽度的变化量不可忽略，如图 3-1 所示，

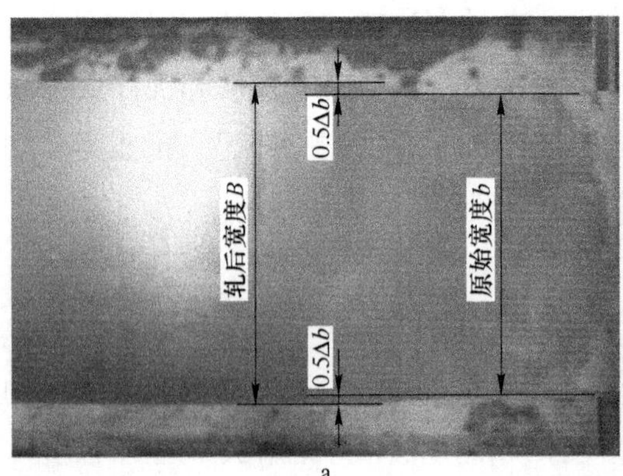

a

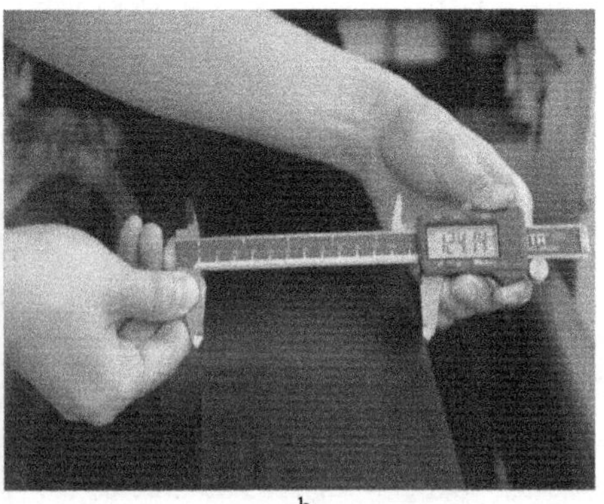

b

图 3-1 带钢温轧过程中的宽展

a—轧前；b—轧后

120mm 宽的不锈钢，加热到 550℃，经过 5 道次温轧之后，宽度变成了 124.14mm，宽展系数为 3.45%，与传统的热轧计算公式不一致，宽展后的宽度：

$$b = B + \Delta b \tag{3-4}$$

式中 Δb——宽展值，mm。

所以，根据体积不变原则：

$$H \times B \times L_{\mathrm{H}} = h \times b \times L_{\mathrm{h}} \tag{3-5}$$

引入宽展，可得：

$$H \times B \times L_{\mathrm{H}} = h \times (B + \Delta b) \times L_{\mathrm{h}} \tag{3-6}$$

对上式进行变化，得到公式：

$$h = H \times \frac{L_{\mathrm{H}}}{L_{\mathrm{h}}} \times \frac{B}{B + \Delta b} \tag{3-7}$$

通过上式可以看出，温轧过程中，在入口带钢的位移变化量 L_{H} 和出口带钢的位移变化量 L_{h}，通过轧机前后张力液压缸内的位移传感器精确测量的情况下，只需将宽展值 Δb 求出，即可求得带钢的出口厚度。

3.1.3 道次间厚度软测量技术

根据体积不变原则，已知原料厚度可以计算各道次轧件的出口厚度，具体厚度软测量公式如下：

$$h_m(n) = \begin{cases} \dfrac{L_m^L(n) - L_m^L(n-i)}{L_m^R(n) - L_m^R(n-i)} \cdot \dfrac{1}{1+\alpha(m)} \cdot \bar{h}_{m-1}, \text{向右轧制} \\ \dfrac{L_m^R(n) - L_m^R(n-i)}{L_m^L(n) - L_m^L(n-i)} \cdot \dfrac{1}{1+\alpha(m)} \cdot \bar{h}_{m-1}, \text{向左轧制} \end{cases} \tag{3-8}$$

式中 $h_m(n)$——第 n 时刻，轧件在第 m 道次的温轧机出口厚度；

$L_m^L(n)$——第 m 道次第 n 时刻的温轧机左侧轧件有效变形区长度；

$L_m^L(n-i)$——第 m 道次第 $n-i$ 时刻的温轧机左侧轧件有效变形区长度，i 取值为大于 1 的整数，用于保证分母有足够的长度，例如，向左轧制时 $L_m^L(n) - L_m^L(n-i) \geqslant 20$mm；

$L_m^R(n)$——第 n 时刻的温轧机右侧轧件有效变形区长度；

$L_m^R(n-i)$——第 $n-i$ 时刻的温轧机右侧轧件有效变形区长度；

$\alpha(m)$——第 m 道次的宽展系数；

$\overline{h}_{m-1}$——轧件在第 $m-1$ 道次的温轧机出口厚度平均值，当 $m-1=0$ 时，$\overline{h}_0=H$，H 表示原料厚度。

根据厚度软测量值 $h_m(n)$，即可实现厚度自动控制。

3.1.4 影响薄板温轧宽展的主要因素

由于在温轧厚度软测量中宽展系数是个不可忽略的因素，下面主要研究张力、温度和压下率对宽展的影响；再从平辊轧制宽展公式入手，计算理论宽展值，通过理论宽展值与实测宽展值的差值，对平辊轧制宽展模型进行修正，从而获得适合带钢温轧的宽展模型。

（1）张力对宽展的影响。实验方法为固定轧件加热温度为500℃，设定相同的压下规程，然后依次改变左右张力，观察对比宽展值。所得的实验数据绘制成曲线如图3-2所示。从图中可以看出，在其他条件不变的情况下，轧件的宽展随着张力的增加而略微减少。这是由于轧制过程中变形区边部及轧件边部产生纵向张应力，与之相邻的区域则产生纵向压应力。在所研究的每一个面上，张应力和压应力应保持平衡，所以当轧件前后的张力增加后，远离中心的边部张应力就会加大，与之相邻区域的压应力也会加大，从而使金属质点有向中心移动的趋势，即随着轧件前后张力的增加，宽展变小。从图中还可以看出，在同温度、同样的压下率情况下，张力为3～6kN波动时，宽展的变化非常小，几乎约在0.01mm。由于在液压张力实验轧机进行的温轧实验一般采用小张力或微张力，张力的取值一般很小；并且随着轧制过程的

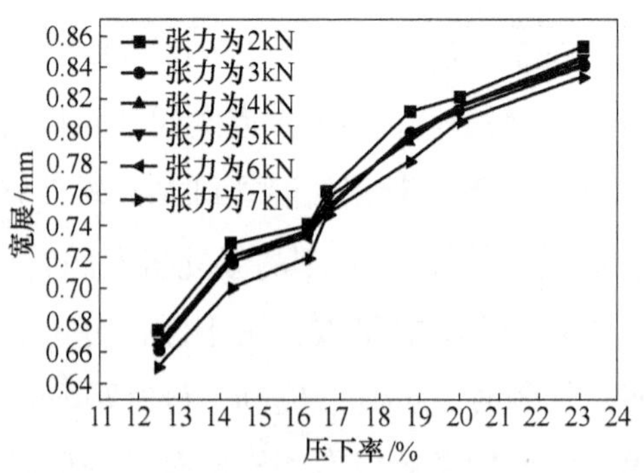

图3-2 张力对宽展的影响（$T=500$℃）

进行，设定的张力值也需要随之减小；所以可以认为在液压张力实验轧机进行的温轧带钢实验，张力对宽展的影响可以忽略不计。

（2）压下率对宽展的影响。压下率是形成宽展的源泉，是形成宽展的主要因素之一。但由于 $\Delta h/H$ 的变化方式不同，使宽展 Δb 的变化也有所不同。在 500℃条件下，比较当初始厚度 H 为定值，与压下量 Δh 为定值时，得到如图 3-3 所示的曲线。

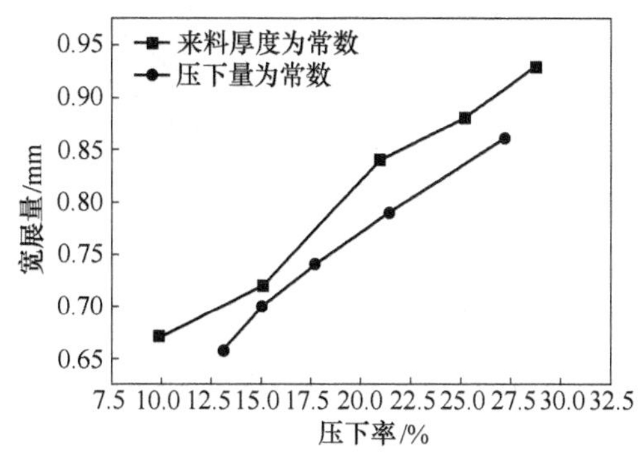

图 3-3　压下率对宽展的影响（$T=500$℃）

从图 3-3 中可以看出，在其他条件不变的情况下，轧件的宽展量随着压下率的增加而增加。因为随着压下率增加时，变形区水平投影形状 L/b 增大，因而使纵向塑性流动阻力增加，纵向压缩主应力值加大。根据最小阻力定律，金属沿横向运动的趋势增大，因而使宽展加大。从图中也可以看出，当 H 为常数时，宽展增加速度快；Δh 为常数时，宽展增加速度次之。这是因为，当 H 为常数时，欲增加压下率，需要增加 Δh，这就使得变形区长度增加，因而纵向阻力增加，延伸减小，宽展增加。同时 Δh 增加，将使金属压下体积增加，也促使宽展增加，二者综合作用的结果，将使宽展增加得较快。而 Δh 等于常数时，增加压下率是依靠减少 H 来达到的，这时变形区长度不会增加，所以宽展的增加较上一种情况慢些。

（3）温度对宽展的影响。温度是温轧过程中十分重要的一个参数，不同材料所进行的温轧，温度的设定也是不同的。例如，镁合金板的温轧一般约为 300℃，高硅硅钢的温轧一般为 600℃左右。因此，研究温度对轧件宽展量的影响是十分必要的。选取 300℃、400℃、500℃、600℃、700℃这 5 个温度点，进行温轧实验，研究温轧过程中温度对宽展量的影响，得到趋势如图 3-4 所示。

温度升高而引起的宽展的增加速度要明显高于压下率加大而引起的宽展的增加，说明在液压张力实验轧机上进行的带钢温轧实验中，温度对宽展的影响是最大的。

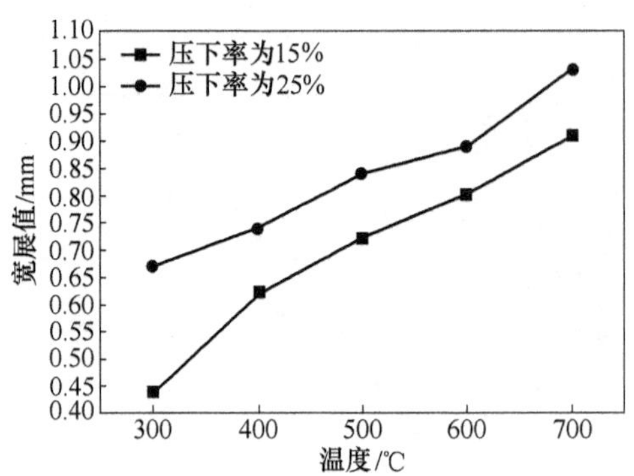

图 3-4 温度对宽展的影响（$\varepsilon = 15\%$，25%）

综上所述，张力的影响忽略，只考虑压下率和温度和宽展的关系，压下率、温度与宽展值的关系，如图 3-5 所示。

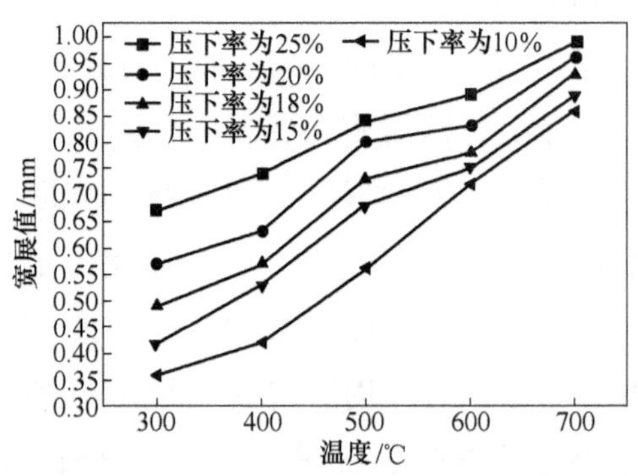

图 3-5 压下率、温度对宽展的综合影响

可以得出如下结论：

（1）温度的升高，压下率的加大，都会使轧件的宽展增加。

（2）在 300 ~ 500℃ 温度区间内，随着压下率的加大，宽展值增加的速度快；而在600～700℃温度区间内，随着压下率的加大，宽展值增加速度缓慢。

（3）在压下率小于15%的情况下，随着温度的升高，宽展值增加速度较快；而在压下率大于20%的情况下，随着温度的升高，宽展值增加速度较慢。

（4）温度升高而引起的宽展的增加速度，要明显高于压下率加大而引起的宽展的增加，说明在液压张力实验轧机上进行的带钢温轧实验中，温度对宽展的影响是最大的。

3.2 薄板温轧宽展数学模型

在轧制过程中轧件的高度承受轧辊压缩作用，压缩下来的体积，将按照最小法则移向纵向和横向。由移向横向的体积所引起的轧件宽度的变化称为宽展。

从物理意义上讲，宽展遵循体积不变定律和最小阻力定律，因此，影响宽展的因素包括几何因素和非几何因素。几何因素是：轧前宽度、轧前厚度、压下量及工作辊半径。非几何因素是接触表面摩擦系数。凡是影响摩擦系数的因素都将通过摩擦系数而影响宽展，如轧制温度、轧制速度、轧辊材质等。所以，宽展是多种几何因素和摩擦系数的函数，可以简单用如下的形式表示：

$$\Delta B = f(H,h,b_0,\Delta h,L,D,\varphi,\varepsilon,\bar{\varepsilon},f,t,m,v) \tag{3-9}$$

式中 H——轧件轧前厚度；

h——轧件轧后厚度；

b_0——轧件轧前宽度；

Δh——压下量；

L——变形区长度；

D——轧辊工作直径；

φ——变形区内轧件的断面形状；

ε——轧制变形程度；

$\bar{\varepsilon}$——轧制变形速率；

f——轧件与轧辊之间的摩擦系数；

t——轧制温度；

m——化学成分；

v——轧制速度；

H，h，b_0，Δh，L，D，φ——变形区特征的几何因素；

ε，$\bar{\varepsilon}$，f，t，m，v——轧件性质的物理因素。

平辊轧制宽展的计算公式很多，宽展的影响因素也很多，只有在深入分析轧制过程的基础上，正确考虑主要因素对宽展的影响，选用合适的公式才能获得较好的宽展计算结果。

3.2.1 摩擦系数

由于有接触摩擦力存在，轧制时在变形区内产生有与摩擦力相平衡的水平压应力和剪应力，阻碍金属的流动。变形区的水平投影的长度和宽度一般不相等，故金属在长度和宽度方向上收到的流动阻力不相等，使金属在宽度和长度方向上变形不一样。摩擦系数的改变，致使轧件变形区内的纵横阻力比发生改变，进而影响到轧件的宽展，因此研究摩擦系数的模型对宽展的研究有着重要的意义。

摩擦系数是轧制条件的复杂函数，可写成下面的函数关系：

$$f = \psi(T, v, K_1, K_3) \tag{3-10}$$

式中 T——轧制温度,℃；

v——轧制速度，m/s；

K_1——轧辊材质及表面状态，无量纲；

K_3——轧件的化学成分，无量纲。

对于液压张力温轧机的摩擦系数模型，其轧制速度可以选为固定值，轧辊材质及表面状态和轧件的化学成分也是可以固定的。对于轧件的化学成分，选择通用钢种 Q235 碳素工程结构钢，钢种材料固定，所以可知摩擦系数仅与温度有关，即摩擦系数可简化成下面的函数关系：

$$f = \psi(T) \tag{3-11}$$

在轧制过程中，确定摩擦系数的试验方法主要有实测压力法、实测前滑法、测定压力和轧制力矩法。本实验计算理论宽展值时，采用了实测前滑反算法来确定摩擦系数，计算公式为：

$$f = \frac{\alpha^2}{2(\alpha - 2\gamma)} \tag{3-12}$$

其中：

$$\alpha = \arccos(1 - \Delta h/D) \tag{3-13}$$

$$\gamma = \sqrt{2S_h h/D} \tag{3-14}$$

$$S_h = (v_h - v)/v \times 100\% \tag{3-15}$$

式中 α——咬入角，rad；

γ——中性角，rad；

S_h——前滑值，%；

v_h——在轧辊出口处轧件的速度，m/s；

v——轧辊的圆周速度，m/s；

Δh——压下量，mm；

D——轧辊直径，mm；

h——轧后厚度，mm。

前滑值的计算则采用 E. 芬克前滑公式，将轧件出口速度 v_h 与对应点的轧辊圆周速度的线速度 v 之差与轧辊圆周速度的线速度 v 之比值，并且 v_h 与 v 的值均可以从人机界面上获得。所获得的实验数据如表 3-1 所示。

表 3-1 摩擦系数数据

温度/℃	轧前厚度/mm	轧后厚度/mm	压下量/mm	前滑值/%	咬入角/rad	中性角/rad	摩擦系数
300	1.91	1.24	0.67	5.23	0.095	0.029	0.1251
350	1.91	1.23	0.68	5.61	0.095	0.030	0.1310
400	1.91	1.29	0.62	6.00	0.091	0.032	0.1549
450	1.91	1.32	0.59	6.41	0.089	0.033	0.1822
500	1.91	1.27	0.64	7.33	0.092	0.035	0.1933
550	1.91	1.21	0.70	9.11	0.097	0.038	0.2285
600	1.91	1.23	0.68	8.72	0.095	0.038	0.2302
650	1.91	1.31	0.60	8.08	0.089	0.037	0.2721
700	1.91	1.31	0.60	7.77	0.089	0.037	0.2482

对摩擦系数进行多项式回归，得到：

$$f = 0.43454 - 0.00255T + 6.38228 \times 10^{-6}T^2 - 4.44377 \times 10^{-9}T^3 \tag{3-16}$$

摩擦系数回归后所得的曲线与原始数据的对比，如图 3-6 所示。

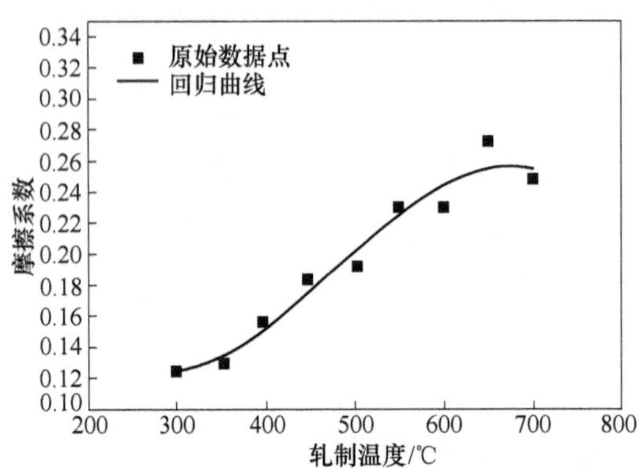

图 3-6 摩擦系数回归曲线与原始数据对比

3.2.2 传统宽展与温轧薄板宽展的区别

根据所确定的摩擦系数公式，分别用艾克隆德宽展公式、巴赫契诺夫宽展公式和古布金宽展公式计算理论宽展值，并与实测宽展值进行比较。比较方法是：计算理论宽展值与实测宽展值的差值，差值再与实测宽展值相比。

(1) 艾克隆德（Ekelund）公式。该公式导出的理论依据，是认为宽展决定于压下量及轧件与轧辊接触面上纵横阻力的大小。并假定在接触面范围内，横向及纵向的单位面积上的单位功是相等的，在延伸方向上，假定滑动区为接触弧长的 2/3 及黏着区为接触弧长的 1/3，按体积不变条件进行一系列的数学处理得：

$$b_1^2 = 8m\Delta h\sqrt{R\Delta h} + b_0^2 - 4m(H+h)\sqrt{R\Delta h}\ln\frac{b_1}{b_0} \tag{3-17}$$

其中：

$$m = \frac{1.6f\sqrt{R\Delta h} - 1.2\Delta h}{H+h} \tag{3-18}$$

$$f = k_1k_2k_3(1.05 - 0.0005t) \tag{3-19}$$

式中 b_1——轧件轧后宽度，mm；

k_1——轧辊材质与表面状态的影响系数，无量纲；

k_2——轧制速度影响系数，无量纲；

k_3——轧件化学成分影响系数，无量纲；

t——轧制温度,℃。

（2）巴赫契诺夫宽展公式。巴赫契诺夫宽展公式是根据移动体积与其消耗功成正比的关系推导出然后简化得来的，其表达式为：

$$\Delta b = 1.15\frac{\Delta h}{2H}\left(\sqrt{R\Delta h} - \frac{\Delta h}{2f}\right) \tag{3-20}$$

巴赫契诺夫公式考虑了摩擦系数、压下率、变形区长度及轧辊形状对宽展的影响，在公式的推导过程中也考虑了轧件宽度及前滑的影响。

（3）古布金宽展公式。

$$\Delta b = \left(1 + \frac{\Delta h}{H}\right)\left(f\sqrt{R\Delta h} - \frac{\Delta h}{2}\right)\frac{\Delta h}{H} \tag{3-21}$$

古布金宽展公式是由实验数据回归得到的，它除了考虑主要集合尺寸外，还考虑了接触摩擦条件。而且当 $f = 0.40 \sim 0.45$ 时，计算结果与实际相当吻合，因而在一定范围内是适用的。

理论宽展值计算结果及差值比较结果，如表 3-2 所示。表中符号：δ 为实测宽展，mm；δ_{ak} 为埃克伦德公式计算宽展，mm；δ_{bh} 为巴赫契诺夫公式计算宽展，mm；δ_{gb} 为古布金公式计算宽展，mm。

表 3-2 实测宽展值与理论公式计算的宽展值的比较

温度/℃	压下率/%	δ/mm	δ_{ak}/mm	δ_{bh}/mm	δ_{gb}/mm
300	14.14	0.42	0.168	0.278	0.069
300	14.82	0.44	0.170	0.281	0.070
300	17.75	0.48	0.208	0.339	0.087
300	21.85	0.55	0.261	0.419	0.111
300	27.51	0.69	0.334	0.524	0.145
400	13.77	0.51	0.172	0.284	0.087
400	15.91	0.53	0.200	0.328	0.103
400	17.40	0.57	0.213	0.348	0.110
400	22.47	0.64	0.287	0.460	0.152

续表 3-2

温度/℃	压下率/%	δ/mm	δ_{ak}/mm	δ_{bh}/mm	δ_{gb}/mm
400	26.83	0.76	0.339	0.533	0.182
500	13.46	0.66	0.174	0.288	0.110
500	15.79	0.70	0.207	0.340	0.132
500	19.54	0.78	0.264	0.428	0.172
500	22.77	0.83	0.304	0.486	0.200
500	30.41	0.90	0.423	0.657	0.288
600	11.01	0.66	0.125	0.209	0.093
600	13.46	0.74	0.179	0.296	0.135
600	17.11	0.78	0.240	0.393	0.184
600	22.12	0.81	0.326	0.522	0.255
600	26.21	0.88	0.379	0.600	0.303
700	10.89	0.80	0.132	0.221	0.106
700	13.46	0.84	0.178	0.313	0.152
700	17.01	0.89	0.246	0.402	0.203
700	19.35	0.95	0.273	0.442	0.228
700	23.46	1.00	0.333	0.531	0.283

将表3-2绘制成图的形式，以便于观察，得到图3-7。分别为不同温度下的实测宽展值与理论宽展值之间的比较，图3-7a、b、c、d、e温度分别为300℃、400℃、500℃、600℃、700℃。

从图3-7中我们得到以下结论：

（1）三种理论公式计算出的宽展值与实测的宽展值存在着很大的误差，误差最小的为巴赫契诺夫公式计算的宽展值，其次为埃克伦德公式计算的宽展值，最大的为古布金公式计算的宽展值。

（2）埃克伦德公式和古布金公式计算出的宽展值相差不大。

（3）在同一温度下，随着压下率的升高，实测宽展值与计算宽展值均增

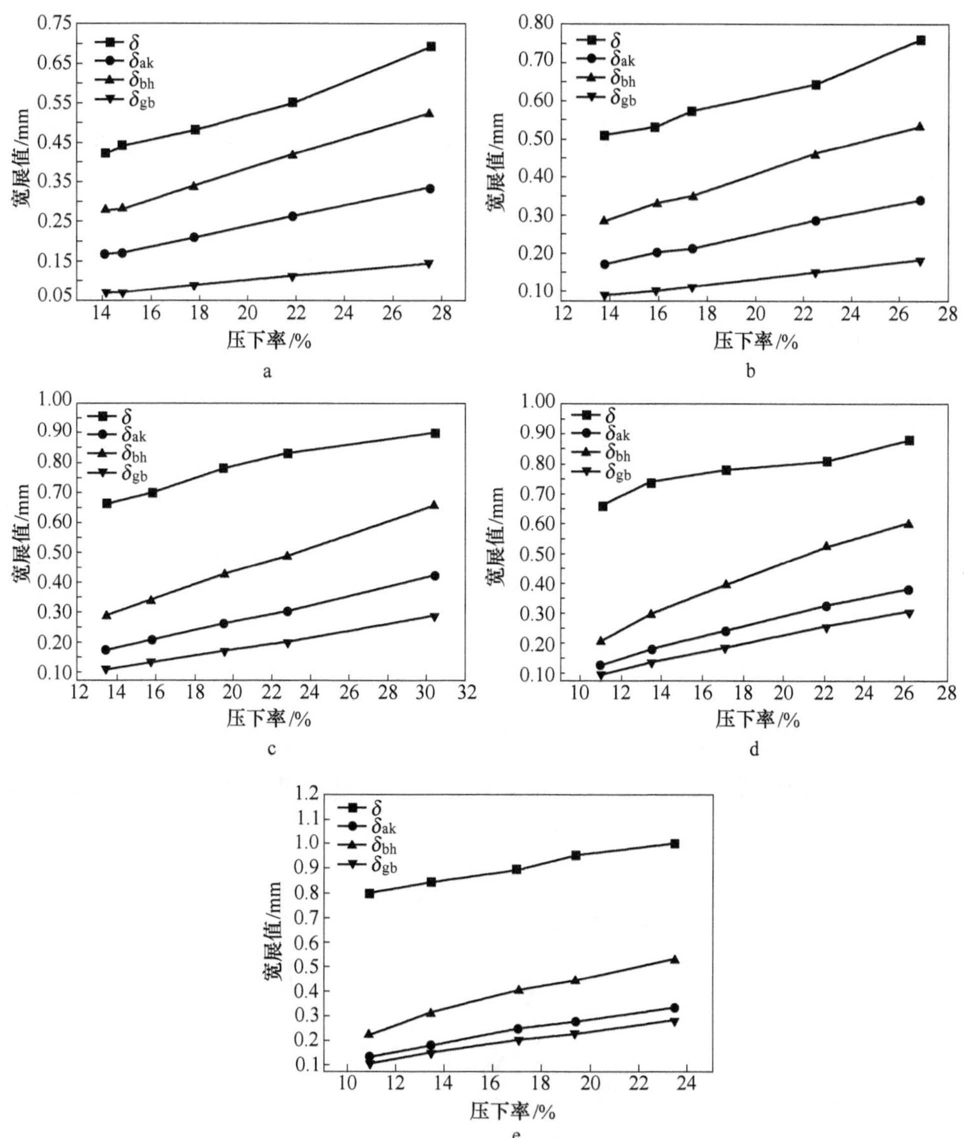

图 3-7 实测宽展值与理论宽展值的比较

a—300℃；b—400℃；c—500℃；d—600℃；e—700℃

加，并且趋势比较一致，但两者仍然存在着比较大的误差。

（4）在不同的温度下，实测宽展值增加的速度，要远远大于计算宽展值增加的速度，即误差随着温度的升高而增加，由此可以说明温度对宽展的误差有很大的影响。

3.2.3 温轧宽展模型

经过比对，最终选定以巴赫契诺夫宽展公式为基础公式，对其进行修正为公式：

$$\Delta b = 1.15\eta_1 \frac{\Delta h}{2H}\left(\sqrt{R\Delta h} - \frac{\Delta h}{2f}\right) + \eta_2 \tag{3-22}$$

式中 η_1，η_2——公式修正系数，无量纲。

对测量数据进行回归，得到修正系数如下：

$$\eta_1 = 10.56053 - 0.06929T + 1.57065 \times 10^{-4}T^2 - 1.0951 \times 10^{-7}T^3 \tag{3-23}$$

$$\eta_2 = -6.82117 + 0.04862T - 1.11467 \times 10^{-4}T^2 + 7.70217 \times 10^{-8}T^3 \tag{3-24}$$

为了进一步验证带钢温轧宽展公式的计算结果，在液压张力实验轧机上进行了另外不同参数的实验，所得数据绘制成图 3-8，为宽展公式的精度验证。从图中看以看出，用修正后的宽展公式计算出的宽展值，与宽展的实际值相差很小，误差可以控制在 ±10% 以内。

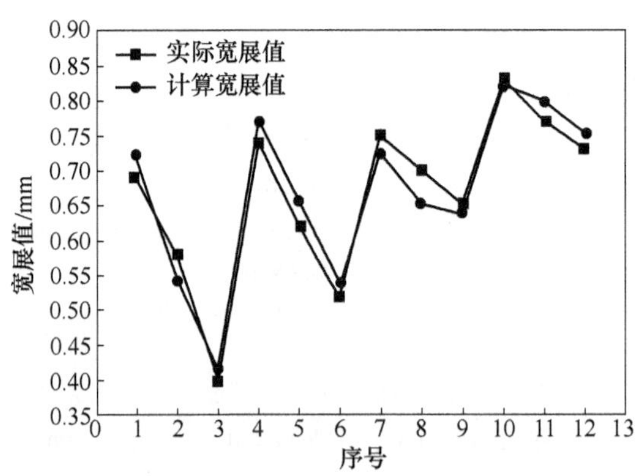

图 3-8 宽展公式精度验证

根据上述宽展模型系数的测量方法，对于不同的材料，首先测量温轧时的摩擦系数，然后根据公式（3-22）对宽展模型系数重新计算。

3.3 厚度软测量技术实施

液压张力温轧机厚度软测量法的计算流程图，如图 3-9 所示。

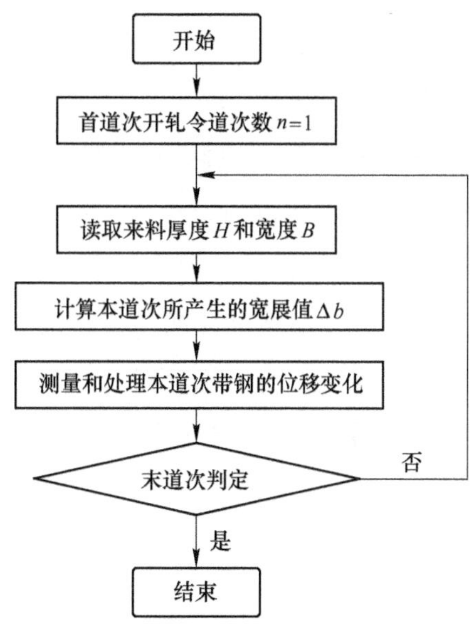

图 3-9 厚度软测量法的计算流程图

厚度软测量技术的实施，需按如下步骤进行：

（1）相关设备和检测仪表的配备。在轧机的两侧配备了液压张力缸和轧件夹持装置，在液压张力缸内装有磁致伸缩数字式绝对位移传感器，测量液压张力缸活塞的位移，液压张力缸内还装有张力油压传感器。轧制过程中，根据油压张力传感器的反馈值进行闭环控制，保证两侧张力实际值与设定值吻合，使液压缸活塞移动平稳。在液压张力缸活塞柱前端，装有夹头，采用液压锁紧装置，以保证在带张力轧制过程中，夹头与带钢之间不产生相当滑动。上述设备和检测仪表的配备保证了轧制过程中，通过安装在张力液压缸内的位移传感器可以精确检测到带钢位移。

（2）原料厚度、宽度的手工测量。在进行实验前，带钢还没有固定到轧机两侧张力液压缸夹头上，操作人员可以用千分尺和游标卡尺，很方便的测量原料带钢厚度和宽度，对带钢两侧分别测量，取平均值作为原料厚度值 H

和宽度值 B，并通过人机交互接口将该值输入到计算机系统中。

（3）宽展值的计算。对于温轧过程，带钢厚度计算中需要引入宽展值 Δb。通过宽展修正公式进行计算，宽展公式中需要知道该道次的压下量 Δh，这里的 Δh 是根据轧制力、辊缝、左右张力等数值送入过程机中，过程机将预估出压下量。在已知该道次轧制温度、压下量、原始厚度和轧辊半径的前提下，可以求得该道次所产生的宽展量 Δb。

（4）轧制过程带钢位移变化量的测量和处理。轧制过程中，位移传感器在每个采样周期检测到夹头绝对位置的变化值，液压张力实验轧机的位移传感器的采样周期最短可以做到 2ms，以 50 个采样周期取一个采样点，即 100ms 取一个位移实测值。随着轧制过程的进行，入口带钢逐渐变短，液压缸活塞逐渐伸出，位移传感器位置绝对值逐渐变大。出口带钢逐渐变长，液压缸活塞逐渐缩回，位移传感器位置绝对值逐渐变小。

（5）根据测量出的带钢宽度 B、厚度 H、入口侧位移变化量 L_H、出口侧位移变化量 L_h，以及计算出的宽展值，代入厚度软测量模型计算得到该道次的带钢出口厚度。

综合考虑宽展系数之后，冷轧时厚度软测量值精度可以到达 ±5μm，温轧时厚度软测量值精度可达到 ±20μm。图 3-10 为带钢三段变厚度温轧制实验时，采用该模型计算的出口厚度曲线。

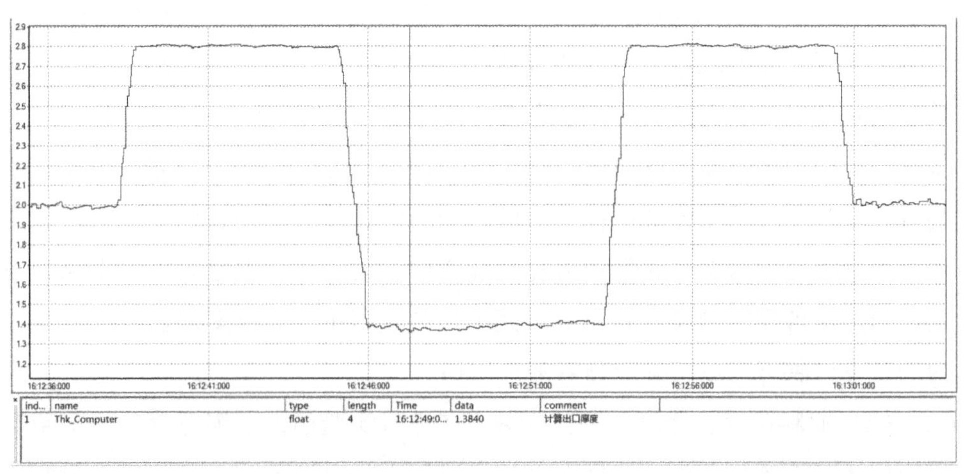

图 3-10　变厚度轧制时软测量厚度曲线

3.4 本章小结

轧制过程中，带钢厚度测量精度直接影响到产品的厚度控制精度。限于液压张力温轧机设备结构特点，无法安装测厚仪，为此开发了厚度软测量技术。薄板温轧中的宽展是不可忽略的因素，温度的升高，压下率的加大，都会使轧件的宽展增加。研究发现，温度升高而引起的宽展的增加速度，要明显高于压下率增大而引起的宽展的增加。综合分析了张力、压下率和温度对薄板温轧宽展的影响，开发了薄板温轧宽展数学模型，精确计算温轧过程中的宽展量，用于厚度软测量计算，使厚度计算精度得到极大的提高。

4　液压张力温轧机应用案例

镁合金温轧是液压张力温轧机的典型应用案例，同时液压张力温轧机还可以进行异步轧制和极薄带轧制实验，具备多种实验功能。

4.1　镁合金温轧

4.1.1　变形区温度与边裂

根据变形区出口温度数学模型制定温轧工艺的轧件加热温度和轧辊加热温度设定值。轧件选用 AZ31 镁合金薄板轧件，尺寸为 1000mm × 125mm × 4mm，如图 4-1 所示。

a

b

图 4-1　温轧实验现场

a—AZ31 镁合金薄板轧件；b—温轧过程

变形区出口温度的目标值分别设定为 210℃、230℃和 250℃，进行 3 次温轧试轧实验。温轧工艺安排见表4-1。

表4-1 温轧实验工艺方案

实验	道次	轧辊温度/℃	轧件温度/℃	轧制速度/m·s^{-1}	压下率	轧件厚度/mm	变形区出口温度目标值/℃
1号	1	120	225	0.11	0.2911	3.95	210
	2	120	222	0.12	0.1786	2.8	210
	3	120	220	0.14	0.2174	2.3	210
2号	1	150	240	0.11	0.2911	3.95	230
	2	150	237	0.12	0.1786	2.8	230
	3	150	235	0.14	0.2174	2.3	230
3号	1	200	240	0.11	0.2911	3.95	250
	2	200	235	0.12	0.1786	2.8	250
	3	200	235	0.14	0.2174	2.3	250

根据现场轧制经验，3次温轧工艺的轧制速度和每道次目标厚度（根据目标厚度可以确定压下率和轧件厚度）已经确定，只需根据变形区出口温度数学模型，确定合适的轧辊温度和轧件温度即可。

依据实验工艺方案，将轧辊和轧件加热到预设温度，进行轧制实验。其中1号和2号工艺的轧件在第2道次结束后，出现了不同程度的边裂情况，且2号工艺导致轧件出现了“波浪”现象，所以停止轧制过程；3号工艺的轧件完成了整个轧制过程。如图4-2所示给出了轧后实测温度与数学模型计算温度的对比关系。

由图4-2可知，1号工艺第1道次变形区出口温度的数学模型计算值与实测值的温度偏差值为-6℃，第2道次的温度偏差值为3℃；2号工艺的第1道次和第2道次的温度偏差值分别为4℃和-3℃；3号工艺进行了三道次轧制过程，其每道次的温度偏差值分别为-5℃、1℃和4℃。可以看出，计算值与实测值的误差在±6℃之内。所以当变形区出口温度的目标值确定后，根据变形区出口温度数学模型确定合适的轧辊温度和轧件温度，制定出相应的轧制工艺，可以保证轧制过程中变形区出口温度处于允许温度范围内。

图4-3给出了原始轧件与三种工艺的轧后对比图，以及轧后轧件的边部情况。可以看出，图4-3b中的边裂情况较为严重，裂纹长度约在5mm，且边部裂纹较多，裂纹间距在5~15mm之内变化；图4-3c中的边裂情况有所改

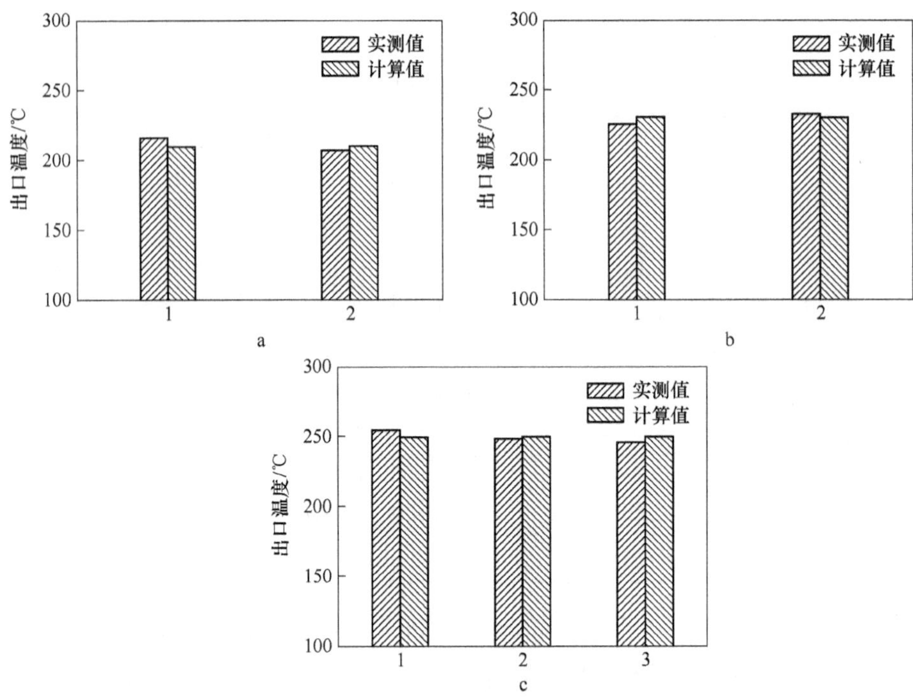

图 4-2 实测数据与计算数据的比较

a—1 号工艺；b—2 号工艺；c—3 号工艺

图 4-3 轧件轧后边部情况

a—轧后对比；b—1 号工艺；c—2 号工艺；d—3 号工艺

善，裂纹长度小于2mm，裂纹间隔极不均匀，裂纹间距在10～100mm之间；图4-3d中没有出现裂纹，它的板型和边部质量相对于1号和2号工艺有很好改善。

为了进一步探讨轧件出现边裂的原因，温轧实验结束后，在AZ31镁合金原始薄板轧件和三种轧制工艺的轧后薄板横向中心位置各取一个金相轧件。轧件经冷镶、水磨、粗抛和精抛后，用5g苦味酸+100mL酒精+5mL冰乙酸+10mL水的混合酸溶液对金相轧件进行25s～30s的腐蚀，最后用Leica DM 2500M光学显微镜对其显微组织进行观察。如图4-4所示为原始薄板轧件和经3种温轧工艺轧制后的金相组织。

对图4-4中的金相组织进行分析后可知，薄板轧件的原始晶粒组织不是很均匀，主要由不规则状晶粒和等轴状晶粒组成，晶粒尺寸主要分布在

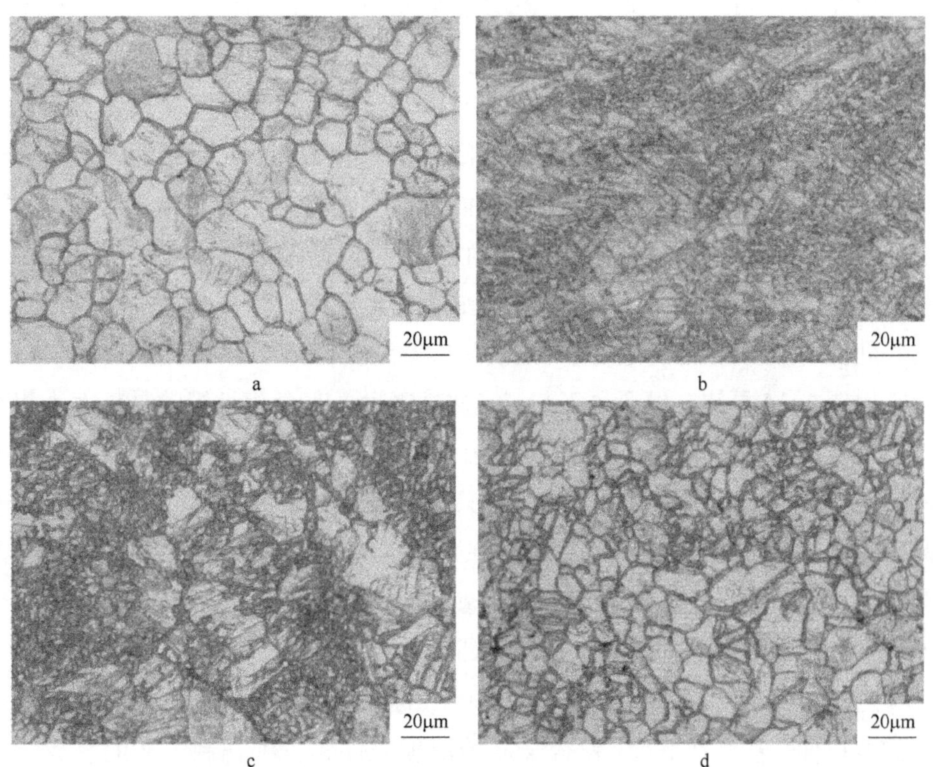

图4-4 AZ31镁合金不同轧制工艺的金相组织

a—原始；b—1号工艺；c—2号工艺；d—3号工艺

10～35μm范围。经1号工艺两道次轧制后，发现此工艺下的金相组织的晶粒大小极不均匀，晶粒尺寸分布在1～35μm范围之内，主要有粗大的不规则状晶粒和少数细小的晶粒组成。其中，在粗大晶粒以及次大晶粒的内部存在大量的孪晶，这些孪晶之间存在一定的角度。在孪晶较多处，孪晶排列非常紧密，此处能量储存较高，在轧制过程中发生了局部动态再结晶，生成了少量等轴晶粒。这是因为镁合金的晶体结构为密排六方（HCP）型，在室温或变形温度较低时，只有一个滑移面（0001），也称基面，基面上的滑移系很容易启动。但是只有两个独立的滑移系，根据Von-Mises准则，其不满足多晶材料发生均匀变形时需同时启动五个独立滑移系的要求，所以需要辅以孪生进行塑性变形。故轧件在1号工艺下的变形主要以基面滑移和孪生为主，其中变形孪生是其主要的塑性变形机制，加工性能较差，导致边裂产生。

由图4-4c可知，经2号工艺两道次轧制后，轧件的金相组织与1号工艺下的金相组织大体相同，其晶粒大小分布极不均匀，晶粒尺寸同样在10～35μm范围分布。粗大晶粒内部存在孪晶，但是相对于1号工艺，其数量明显减少。同时相比1号工艺，2号工艺使轧件内部产生了更多的细小等轴晶粒，这些晶粒分布在粗大的不规则状晶粒的周围。这是因为，随着轧制温度的升高，晶粒内部的柱面滑移和锥面滑移可以通过热激活启动。同时由于镁合金具有较低的堆垛层错能，高温变形下会发生动态再结晶，晶粒得到细化，轧件的加工性能得到提高，边裂现象得到改善。

由图4-4d可知，经3号工艺三道次轧制后，其金相组织的晶粒大小相对于原始轧件的有所减小，其晶粒尺寸在2～20μm范围。与2号和3号工艺的轧后组织相比，晶粒尺寸更加均匀，只是在极少的较大晶粒内部存在少量孪晶。这是因为AZ31镁合金薄板轧件在250℃进行轧制时，晶粒内部开启了大量的滑移系，并且轧件内部发生了动态再结晶和再结晶过程，塑性得到改善，使轧件的轧制变形更加容易进行，边部不易产生裂纹。

对原始薄板轧件和三种工艺轧后轧件的金相组织进行分析后，又测试了它们的拉伸性能。在AZ31镁合金原始薄板轧件和三种轧制工艺的轧后薄板上沿轧向切取3个拉伸轧件，拉伸轧件尺寸mm如图4-5所示。将轧件切口处表面磨光亮后，在微机控制电子万能试验机CMT5105-SANS上进行拉伸性能测试，拉伸速度为1mm/min。实验数据结果如表4-2所示。

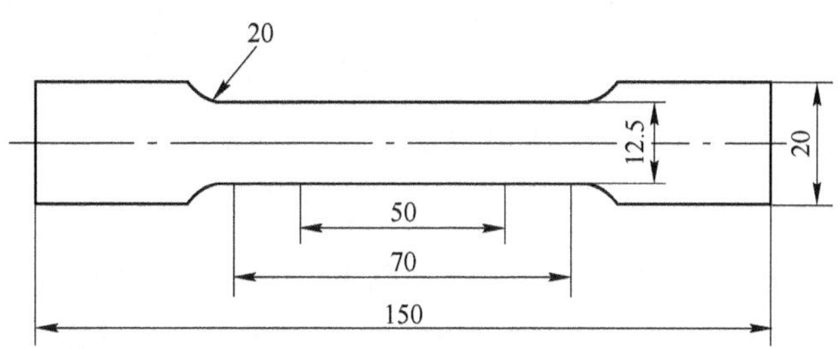

图 4-5 拉伸轧件示意图

表 4-2 拉伸实验结果

实验	变形区出口温度目标值/℃	屈服强度/MPa	抗拉强度/MPa	伸长率/%	屈强比
原始		164	240	21	0.863
1 号	210	228	295	11.5	0.773
2 号	230	213	273	21	0.78
3 号	250	208	268	19	0.776

由于 AZ31 在拉伸过程中没有上下屈服点，所以取其塑性应变为 0.2% 时的强度作为屈服强度。为了便于直观的对比分析，将表中数据绘制成图，如图 4-6 所示。

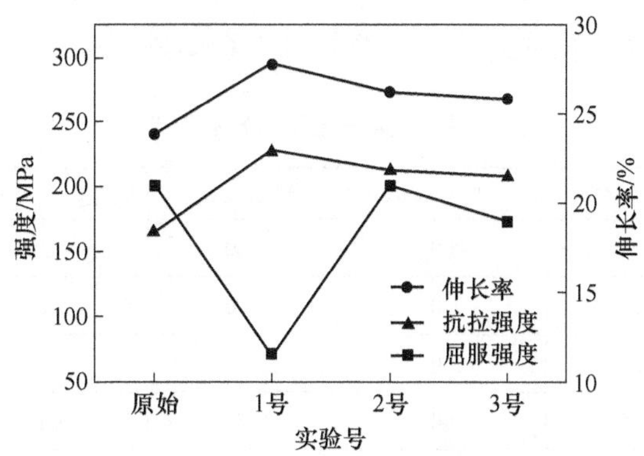

图 4-6 不同温轧工艺的拉伸性能

由图 4-6 可知，三种轧制工艺都使轧件的屈服强度和抗拉强度得到一定程度的提高，其中 1 号工艺的提高量最大，屈服强度和抗拉强度分别提高

64MPa 和 55MPa，2 号和 3 号工艺分别提高了 49MPa 和 33MPa、44MPa 和 28MPa，这是因为 1 号工艺的轧制温度偏低，加工硬化比其他两种工艺高；材料的屈强比从原始的 0.863 降到约 0.77，三种工艺的屈强比相差无几，一般认为，屈强比低有利于材料的冲压成型。但是从图 3-10 可以明显看出，1 号工艺的延伸率急剧降级，从 21% 变为约 11.5%，而其他两种工艺仍维持约 20%，这也是材料内部的组织状况反映。3 号工艺轧件的晶粒比较均匀，2 号工艺轧件的组织中存在大量的细晶，1 号工艺轧件的组织中存在大量的孪晶，畸变严重，从而使其延伸率发生降低。

4.1.2 镁合金薄板温轧

通过温轧获得厚度在 0.5mm 以下级别的难变形金属超薄板是液压张力温轧机的重要功能。采用 4 张 600mm × 100mm × 4.2mm 的 AZ31b 镁合金板，通过两道工序的温轧实验，最终将镁合金板厚度轧至 0.5mm 以下。

（1）原始板带的第一道工序轧薄。首先进行第一道工序。在轧辊加热温度为 185℃、镁合金板在线加热温度为 260℃ 的工艺下，通过 7 个道次的轧制，将 4 块经打磨干净和测量过尺寸的原始镁合金板带 A、B、C、D，从厚度为 4.2mm 轧至厚度小于 1.0mm，具体工艺如表 4-3 所示。185℃ 的轧辊温度保证了轧辊不会因为温度太高而软化，也不会太低影响到轧制的进行。260℃ 的加热温度可以保证轧件的质量良好并且不容易黏辊。

表 4-3 第一道工序轧制工艺

道次	轧辊温度/℃	在线加热温度/℃	辊缝/mm	轧制速度/$m \cdot s^{-1}$	张力/kN
1	185	260	3.60	0.05	5.0
2	185	260	2.80	0.06	4.5
3	185	260	2.24	0.08	4.0
4	185	260	1.79	0.10	3.6
5	185	260	1.43	0.12	3.2
6	185	260	1.15	0.14	2.9
7	185	260	0.90	0.16	2.5

原始板带经第一道工序轧制后轧件如图 4-7 所示，边裂少，板型较好，

基本达到预期目标。由于轧辊的热膨胀，最后道次设定的辊缝为0.90mm，镁合金板的实际出口厚度约为0.8mm。

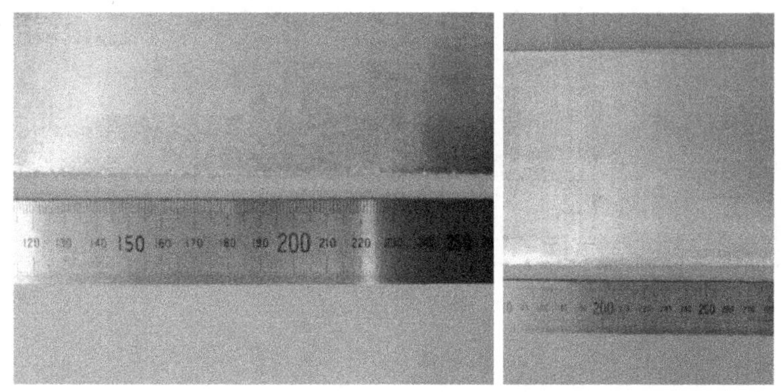

图4-7 第一道工序温轧后的镁合金板带

相关力学性能数据如表4-4和图4-8所示。相对于原始板带，经第一道工序轧薄后，由于压下率的不断增大，抗拉强度、屈服强度以及屈强比均不断上升，伸长率下降，并且各板带随着强度的上升，伸长率呈下降的趋势，特别是D板得到的7号、8号样伸长率下降较多。总体而言，所得板带性能较为接近原始板带，所采用的轧制工艺比较合理，变形区温度接近最佳工艺。

表4-4 原始板带第一道工序轧薄后的力学性能

板带序号	轧前、轧后厚度/mm	压下率/%	屈服强度/抗拉强度/MPa	屈强比	伸长率/%
A(1、2)	4.15/0.81	80.48	230.22/285.08	0.808	19.40
B(3、4)	4.13/0.80	80.63	241.28/293.10	0.823	19.07
C(5、6)	4.15/0.78	81.20	242.00/297.63	0.810	18.60
D(7、8)	4.32/0.78	81.94	242.60/299.16	0.811	14.67

由如图4-9所示的微观组织可以看到，和原始板带组织相比，经第一道工序轧制后许多原来已经很细的等轴晶组织变得更加细小，出现了很宽的细晶区，孪晶密度高、晶界多，细晶强化和位错强化效果明显，直接导致了轧后组织强度的上升，说明第一道工序的轧制工艺比较适合于此型号镁合金的温轧和变形强化。

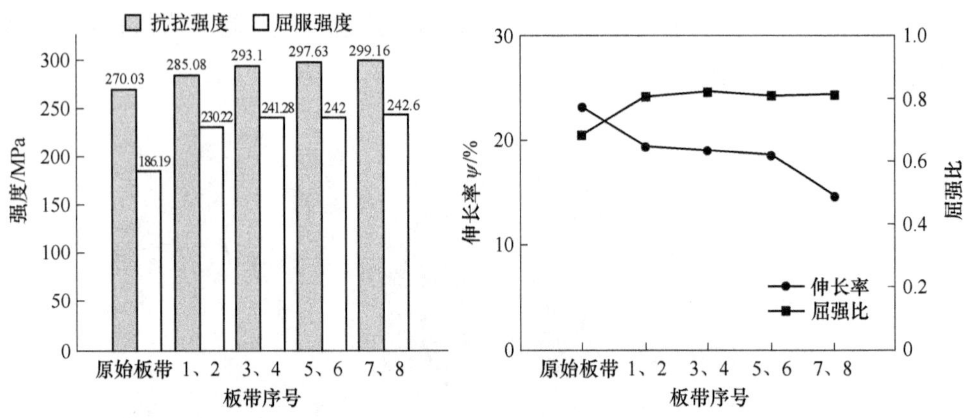

图 4-8 第一道工序轧后力学性能与原始板带对比

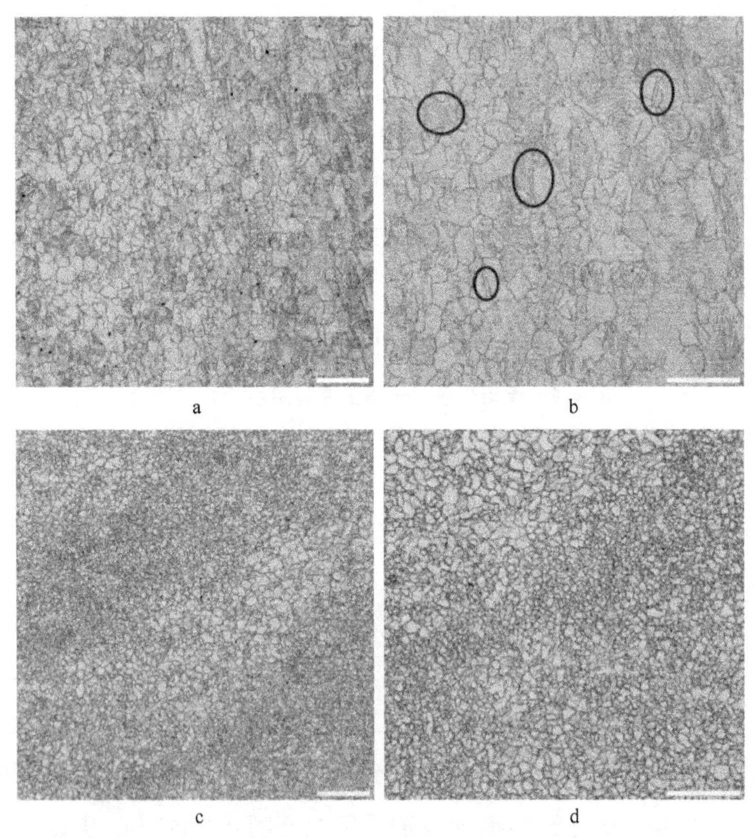

图 4-9 原始板带第一道工序轧薄后的组织

a—原始板 800 倍组织；b—原始板 1400 倍组织；

c—1 号试样轧制面 800 倍组织；d—1 号试样轧制面 1400 倍组织

第一道工序得到的轧件质量较好，边裂和黏辊等问题都较轻微。4 条被轧长的板带首先裁剪留样进行上述工艺轧件的组织和力学性能参数测量，随后被剪切为 8 条等长的板带，板带 A 剪切后标识为 1 号和 2 号薄带，板带 B 剪切后标识为 3 号和 4 号薄带，板带 C 剪切后标识 5 号和 6 号，板带 D 剪切后标识为 7 号和 8 号。

（2）板带的第二道工序轧薄。将第一道工序得到的 8 条板带进一步轧薄。对于 1-6 号镁合金板带，轧辊温度设为 185℃，在线加热温度仍设为 260℃，通过两个道次的轧制分别将继续轧薄至 0.5mm 以下厚度的超薄级别，同时比对轧制温度对 1mm 以上薄带和 1mm 以下薄带的温轧的不同影响。

由于低于 150℃时 AZ31b 镁合金板带的轧制质量越来越差，为研究轧辊加热温度不足和在线加热温度不足对轧制质量的影响，对 7、8 号板带做以下设定：

1）对于 7 号板带，在轧辊温度和在线加热温度分别为 185℃、120℃时，经两个道次继续轧薄至 0.5mm 以下的超薄级别。

2）对于 8 号板带，则在轧辊温度和在线加热温度分别为 120℃、185℃时，经两个道次继续轧薄至约 0.35mm 的超薄级别。

7、8 号两条板带除了轧制温度外，其他轧制工艺和前 6 号板带一样。为 7、8 号板带设置特殊温度工艺是为了探索在 1mm 以下较薄厚度时，镁合金板带温轧时，轧辊温度不足和在线加热温度不足哪个条件对轧件性能影响更大。具体工艺如表 4-5 ~ 表 4-7 所示。

表 4-5　板带进一步轧薄工艺（1 至 6 号试样）

道次	轧辊温度/℃	加热温度/℃	辊缝/mm	轧制速度/m·s^{-1}	张力/kN
1	185	260	0.55	0.05	2.0
2	185	260	0.35	0.06	1.7

表 4-6　板带的进一步轧薄工艺（7 号试样）

道　次	轧辊温度/℃	加热温度/℃	辊缝/mm	轧制速度/m·s^{-1}	张力/kN
1	185	120	0.55	0.05	2.0
2	185	120	0.35	0.06	1.7

表 4-7　板带的进一步轧薄工艺（8 号试样）

道次	轧辊温度/℃	加热温度/℃	辊缝/mm	轧制速度/m · s^{-1}	张力/kN
1	120	185	0. 55	0. 05	2. 0
2	120	185	0. 35	0. 06	1. 7

板带完成轧制后，对比各轧件质量和初步测量其厚度时发现，前 8 号除了 3 号试样稍大些，1 ~7 号试样的厚度差别很小，具体如表 4-8 所示。其中 1 至 6 号试样轧件表面质量良好，有少量边裂，正常轧制部分没有明显裂纹；7 号试样裂纹和边裂要稍多些；而 8 号试样裂纹和边裂最多，厚度则达到了 0. 47mm。

表 4-8　各板带进一步轧薄后的实际厚度数据

序　号	轧辊温度/℃	在线加热温度/℃	终轧辊缝/mm	实际厚度/mm
1	185	260	0. 35	0. 38
2	185	260	0. 35	0. 37
3	185	260	0. 35	0. 40
4	185	260	0. 35	0. 37
5	185	260	0. 35	0. 37
6	185	260	0. 35	0. 37
7	185	120	0. 35	0. 36
8	120	185	0. 35	0. 47

由图 4-10 可以看出，尽管成型温度不是很高，但在板带压下率很大，板带很薄时，在所有轧薄的试样中，黏辊剥落的现象较明显，随轧制的进行黏辊剥落区和非黏辊区交替周期性出现，这说明有必要对超薄镁合金带材的温轧是有必要采取润滑和防黏辊措施的。并且各板带均偶有褶皱纵纹出现，可能起因于轧辊不平、扭振或者是轧辊挠曲变形导致的轴向摩擦系数不均，具体原因需要进一步的分析。在褶皱区轧制变形不均匀，易产生褶皱裂纹缺陷。褶皱裂纹前 6 号试样相对较少，7 号试样稍多，8 号试样最多。

总体而言，在轧制外观质量上，前 6 号试样板质量最好，7 号试样质量次之但好于 8 号试样。这说明：在厚度达到 1mm 以下或更薄级别进行温轧

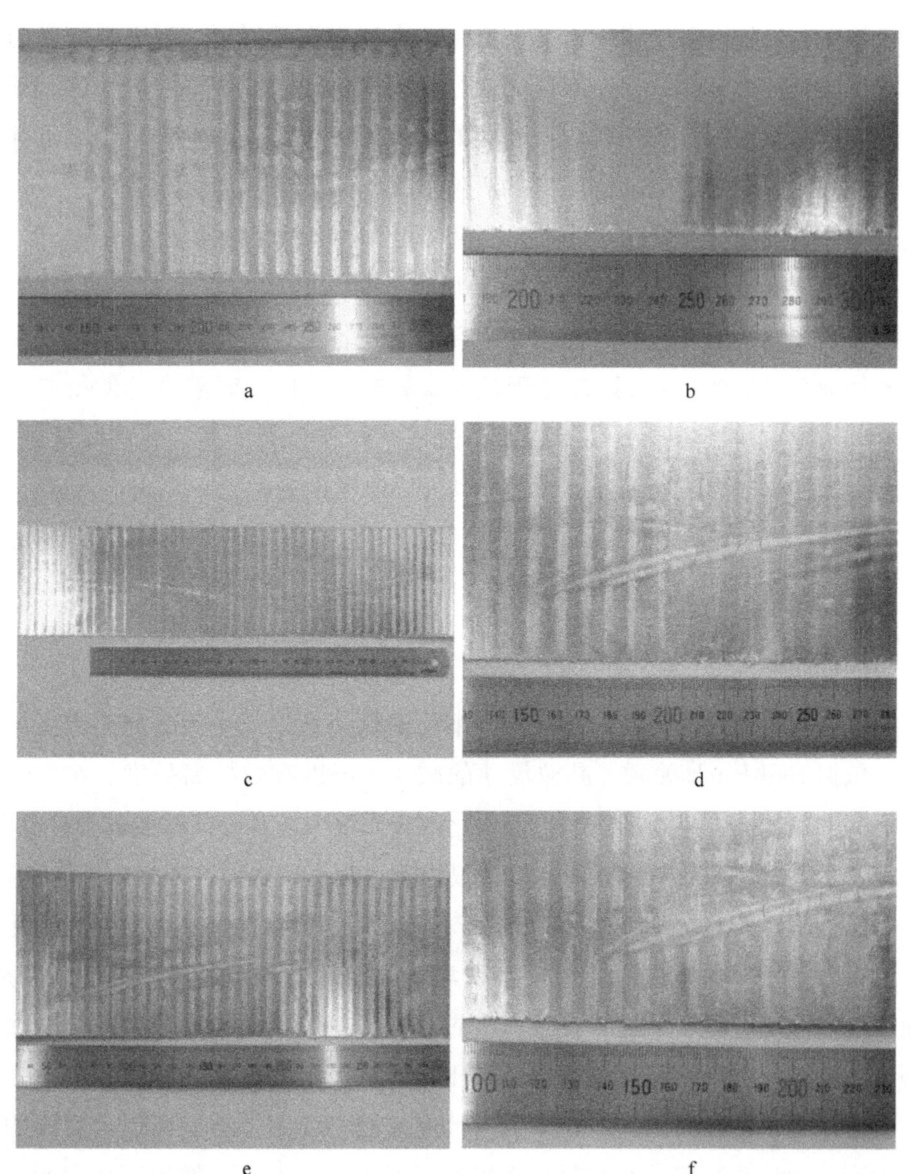

图 4-10 板带的进一步轧薄效果

a—2 号试样；b—3 号试样；c，d—7 号试样；e，f—8 号试样

时，轧辊温度不足对镁合金板带温轧成型质量的不良影响比在线加热温度不足的影响更大。一方面，因为板带很薄，在被咬入轧辊后很容易因为与轧辊接触被迅速加热，反之如果轧辊温度更低则易被迅速冷却，板带成型温度在

相当程度上受轧辊温度影响；另一方面，也因为板带很薄，板带很容易与空气进行热交换损失热量，在加热完成后到咬入轧辊前温度下降较厉害，轧件加热温度效果受到打折，对成型温度的影响效率更低。两者综合影响下导致板带在成型时的温度受轧辊温度的影响更大，从而轧辊温度对镁合金板带温轧成型质量的实际影响比在线加热温度的更大。

轧辊温度更高的7号试样的成型质量要好于轧辊温度不足的8号试样。但由于在线加热温度过低对成型也有部分影响，所以7号试样成型外观质量稍不如前6号试样。8号试样由于被咬入轧辊后，因轧辊温度低使得成型温度过低，导致镁板带成型性能变差，褶皱裂纹和边裂更多，轧件质量更差，同时导致加工应力大、回弹多，造成其最终厚度也更大。

4.2 异步轧制

4.2.1 异步轧制的特殊作用

在金属材料性能提高的途径中，细化晶粒一直以来受到研究工作者的青睐。依据Hall-Petch关系，晶粒尺寸的减小，可以有效提高强度。在塑性变形机制方面，晶粒尺寸的减小也可弱化内应力集中，对改善韧性也十分有利。因此，金属材料的晶粒细化对强度及韧性都有提高，也对改善综合性能有利。

剧烈塑性变形（Severe Plastic Deformation，SPD）是金属材料晶粒细化的一种有效途径。剧烈塑性变形机制是对变形金属材料施加较大的塑性变形，使得金属承受剪切变形或者复杂应变过程，促使金属晶粒充分破碎，从而达到细化晶粒的效果。等通道挤压、高压扭转、多向锻造等剧烈塑性变形方式大多适用于小轧件的制备，效率低，性能控制不稳定，不能实现大规模的工业生产。异步轧制技术通过两个轧辊间不对称的状态，可增加剪切变形，将剪切变形带入工业生产，赋予剧烈塑性变形高效工业化意义。

在同步轧制中，轧件两个表面与轧辊接触的中性点在水平方向是重合的，因此轧件承受单向压缩变形。而异步轧制技术则改变了轧件与轧辊接触的状态，通过三种不同的方式，使得上下两个接触弧的中性点发生偏移，从而在两个中性点区域内形成方向相反的作用力，对轧件施加剪切变形，形成搓轧效应。分离中性点的方式主要有三种，对应三种不同的异步轧制形式：相同辊径、相同摩擦系数、不同轧辊圆周速度的异步轧制（异速异步轧制）；不同轧辊直径、相同摩擦系数、相同轧辊圆周速度异步轧制（异径异步轧制）；相同辊径、不同摩擦系数、相同圆周速度的异步轧制。异速异步轧制的结构如图 4-11a 所示，假设 $v_2 > v_1$，则下轧辊与轧件接触弧的中性点向出口侧移动，上轧辊与轧件接触弧的中性点向入口侧倾斜。轧件在下接触弧部位承受指向出口侧的剪切力，而在上接触弧部位承受指向入口侧的剪切力。异径异步轧制结构简图如图 4-11b 所示，假设 $R_2 > R_1$，中性点的偏移及轧件表面承受的剪切力方向与异速异步轧制相同。异步轧制结构简图如图 4-11c 所示，假设 $\mu_2 > \mu_1$，轧件的中心点偏移及上下面承受力方向与上两个方式相同。

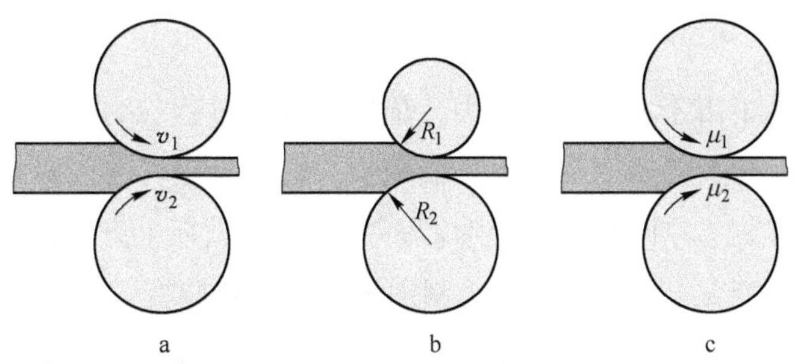

图 4-11　异步轧制形式图

如图 4-11 所示，异步轧制相对于同步轧制增加了剪切变形，使得轧件的受力状态发生了变化。若考虑同步轧制时轻微摩擦造成的摩擦力，则同步与异步轧制时单元体受力状态，如图 4-12 所示。由图可知，异步轧制时合力作

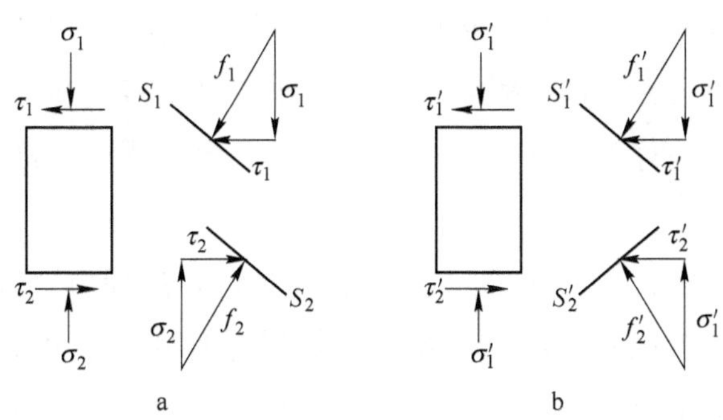

图 4-12　异步及同步轧制单元体受力状态示意图

a—异步；b—同步

用面相互平行，而同步轧制时合力作用面成一定倾角。

正因为上述的不同应力状态，使得轧件在异步轧制中变形形式也相应的不同，轧件在承受压缩变形的同时也承受着剪切变形。针对两个变形的先后问题，上海交通大学丁毅等人做了一些研究，认为压缩变形在前，剪切是在压缩变形的基础上，并将这一过程做了如图 4-13 所示的图解。

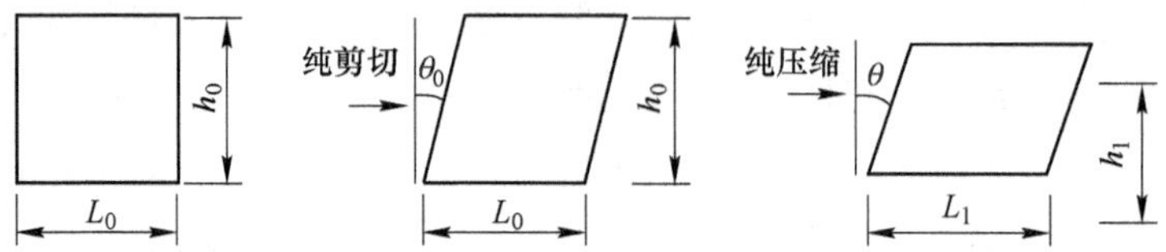

图 4-13 异步轧制变形分解图

异步轧制中由于增加了剪切力，金属在变形过程应力分量也不同于同步轧制。假设同步及异步的变形为平面变形，轧件只在轧向（设定 x 方向）及厚度方向（设定 z 方向）发生变形，而在横向（设定 y 方向）没有流动。则同步承受的应变 ε_x、ε_z，而异步轧制则增加了剪切应变 ε_{xz}。假设金属的等效应变公式采用如下所示公式，可以明显发现在相同压下量的条件下，异步轧制比异步轧制可以对轧件施加更大的等效应变。

$$\varepsilon_{eq} = \sqrt{\frac{2}{9}}\sqrt{(\varepsilon_x - \varepsilon_y)^2 + (\varepsilon_y - \varepsilon_z)^2 + (\varepsilon_z - \varepsilon_x)^2 + 6(\varepsilon_{xy}^2 + \varepsilon_{yz}^2 + \varepsilon_{zx}^2)} \tag{4-1}$$

在同步轧制及异步轧制中，式（4-1）ε_y、ε_{yz}为零。

与常规轧制相比，异步轧制具有显著降低轧制压力与轧制扭矩，降低能耗，减少轧制道次，增强轧薄能力，改善产品厚度精度和板形，提高轧制效率的优点。特别是对于轧制变形抗力高、加工硬化严重的极薄带材，其节能效果更加显著。

依据金属学相关知识可知，塑性应变的增加将引起畸变能的增大，对金属的相变及回复再结晶都将产生影响。针对异步轧制细化晶粒方面的问题，许多材料科技工作者开展了相关方面的研究工作，并取得了许多有益的效果。

目前，国内外对轧制镁合金板材进行的研究多采用普通的对称轧制，所制备的镁合金板材存在强烈的基面织构，这对其后续成型极其不利。异步轧制具有独特的变形特征，可改变所制备材料的组织和性能。因此，一些学者已经开始对镁合金异步轧制过程中的变形机理和变形规律展开了研究。

实验研究表明，在轧制条件相同的情况下，常规轧制与异步轧制 AZ31 镁合金板材的金相组织存在明显区别，常规轧制板材的晶粒组织中存在大量的孪晶，而异步轧制板材的晶粒组织中孪晶很少；与常规轧制相比，异步轧制板材的晶粒较细小，且晶粒大小更加均匀。这表明，在其他变形条件相同的情况下，异步轧制更有利于动态再结晶的发生，从而促进晶粒细化和等轴化。

丁茹等人采用异径异步轧制方法，在 350℃时轧制 AZ31 镁合金，研究异径异步轧制对晶粒细化的作用。其结果表明，异步轧制可以细化晶粒，轧后镁合金形成等轴晶，拉伸性能得到改善。Somjeet Biswas 等人也对异步轧制镁做了研究。如图 4-14 所示，在室温轧制中，可观察到变形后的晶粒沿轧制方向呈拉长状态，并可观察到晶粒在局部区域内较小，而在相邻的区域内则较大。

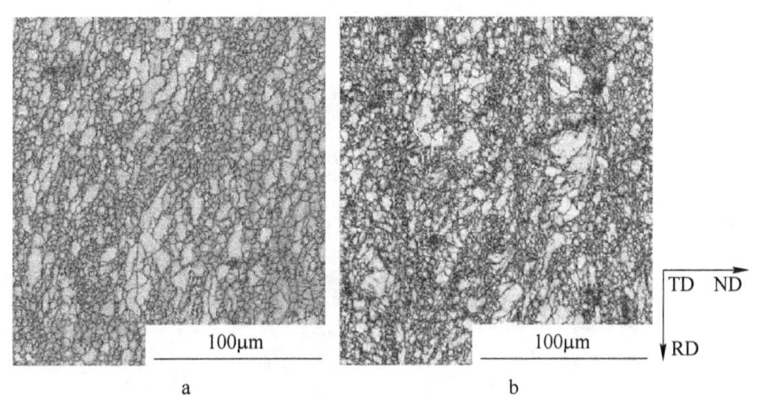

图 4-14 异步及同步轧制镁合金组织

相邻道次间轧件旋转方式的不同，对应有四种不同的路径，各自的路径中剪切变形的叠加形式不同，最终晶粒的破碎形式也不同。在异步轧制中可以通过改变轧件的旋转来改变剪切变形的叠加形式。

若轧件在相邻道次间同一轧辊与轧件的接触面没有发生变化，则轧件在两次轧制中剪切变形方向没有发生变化（单向轧制）；相反，若轧件在轧制过程中，相邻道次间同一轧辊与轧件的接触面发生变化则剪切变形的方向相反（可逆轧制）。这两种方式对轧制微观组织的影响，L. L. Chang 等人做了相关方面的研究。轧制变形材料为镁合金，实验过程为冷轧及后续退火，部分结果如图4-15所示。图示清晰显示出，单向轧制中金属形成一个宏观剪切变形带且与轧制方向成一定夹角；而在可逆轧制中则观察到两个不同方向的宏观变形带存在。

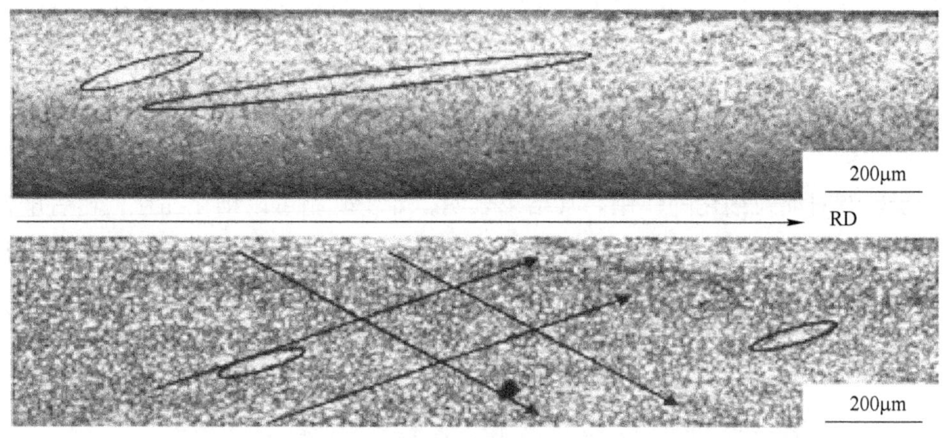

图4-15 异步轧制镁合金变形带

为了进一步证实获得的结论，他们又做了EBSD分析，如图4-16所示。在单向轧制中晶粒为拉长状态，在可逆轧制中轧件为等轴状态。

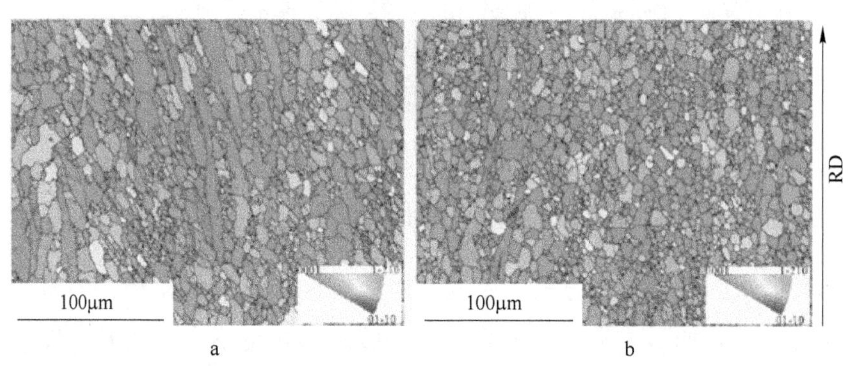

图4-16 异步轧制镁合金EBSD图

Watanabe等人还研究了异步轧制温度对AZ31镁合金的室温力学性能和织构的影响。研究表明，轧制温度对AZ31镁合金的强度影响不大。当轧制温度从573K降至473K时，伸长率由13.6%增加到18.5%，异步轧制板材的延展性约为常规轧制的 1.5 倍，基面织构取向由正常向轧制方向倾斜了 5°～8°。Kim 等人认为，异步轧制制备的镁合金板材，可减弱镁合金板材的｛0002｝基面织构、细化晶粒、提高力学性能。

4.2.2 液压张力温轧机异步轧制

宝钢研究院液压张力冷/温轧机采用双电机实现异步轧制，重科院液压张力冷/温轧机，采用更换异步齿轮改变速度实现异步轧制，如图 4-17 所示。

a

b

图 4-17 异步轧制技术实施

a—宝钢研究院双电机异步；b—重科院异步齿轮

在宝钢研究院液压张力冷、温轧机上进行了高强钢的异步轧制，经比较异步轧制有利于厚度减薄和减小轧制力，具体如图 4-18 所示。

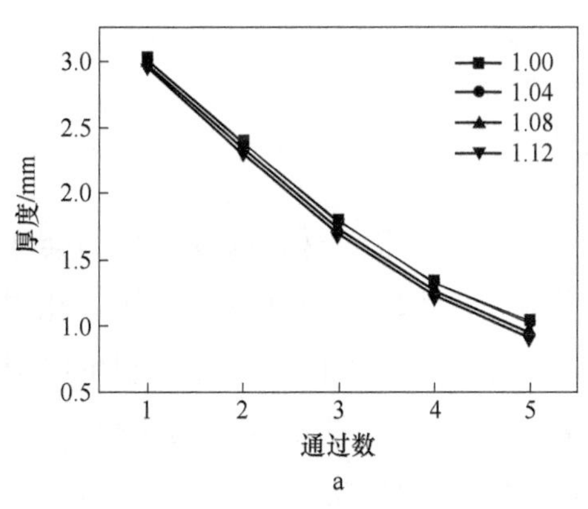

a

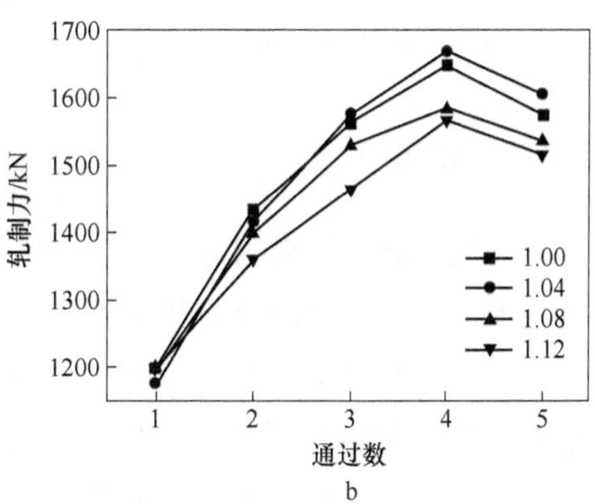

b

图 4-18 异步轧制对厚度和轧制力的影响

a—异步轧制对厚度的影响；b—异步轧制对轧制力的影响

参考 Kim W. J. 采用3∶1的异步比轧制镁合金，在 RAL 异步轧机上做了镁合金板的异步轧制实验，4mm 厚的镁合金在炉内加热到400℃，设定压下量20%，异步比为1.5∶1时，轧制后的镁合金表面就出现裂纹，如图4-19所示，增加异步比到1.7∶1时，轧辊和轧件之间打滑，实验无法进行。

分析裂纹出现的原因是轧辊没有加热，导致变形区温降剧烈（经测量轧机出口轧件温度为160～190℃），超出镁合金温轧的工艺窗口。

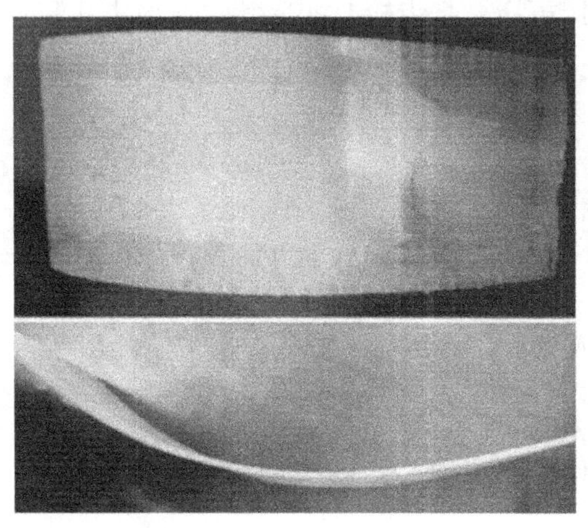

图4-19 异步比为1.5∶1时的镁合金温轧

异步比为3∶1的镁合金异步轧制不容易实现，表面打滑的问题不好解决。该问题有待下一步进行实验验证。

4.3 极薄板带轧制试验

4.3.1 叠轧

当轧件需要轧得很薄的时候，由于压下的程度很大材料的变形抗力会变得很大，导致轧辊的挠曲变形和弹性变形更大，当轧件厚度被轧到接近轧辊变形导致的辊缝损失时，继续轧薄变得越来越困难。因而单纯靠轧制单层板带进行轧制所能达到的最小厚度是受限的。所以，欲将板带继续轧得更薄，将两条或多条薄带材叠轧起来进行叠轧是一种可行的方法。

在液压张力温轧机上进行了带钢和镁合金的叠轧实验，如图4-20所示，结果如下：

板带钢叠轧，采用重科院液压张力冷、温轧机将单片带钢轧制到 0.2mm 厚度，重叠后轧制到0.1mm，分开后单片厚度为0.05mm，整体板型良好，边部锯齿状较单片轧制严重，两片带钢中间粗糙度较大。

镁合金叠轧，采用重科院液压张力冷/温轧机将单片镁合金轧制到 0.35mm 厚度，重叠后轧制到 0.35mm，分开后单片厚度约为 0.2mm，但是两片之间粘连比较严重。

a

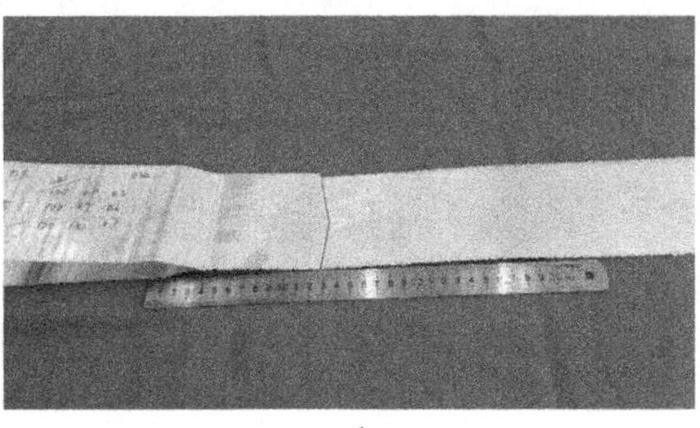

b

图 4-20　带钢和镁合金极薄带轧制

a—带钢叠轧；b—镁合金叠轧

如图 4-21 所示，AZ31b 镁合金叠轧轧制面的显微组织，可知镁合金薄带叠轧后晶粒得到很大程度的细化，所得晶粒很细小。

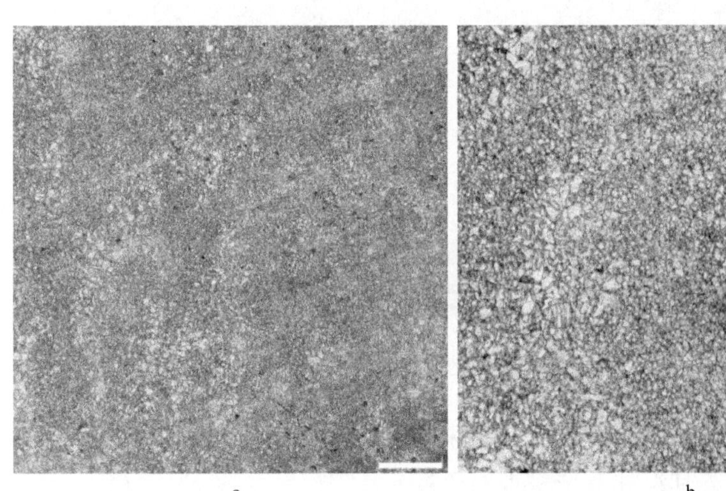

a　　　　b

图 4-21　AZ31b 镁合金叠轧轧制面的显微组织

a—600 倍组织；b—2000 倍组织

如图 4-22 所示为 AZ31b 镁合金叠轧板叠轧界面的显微组织。

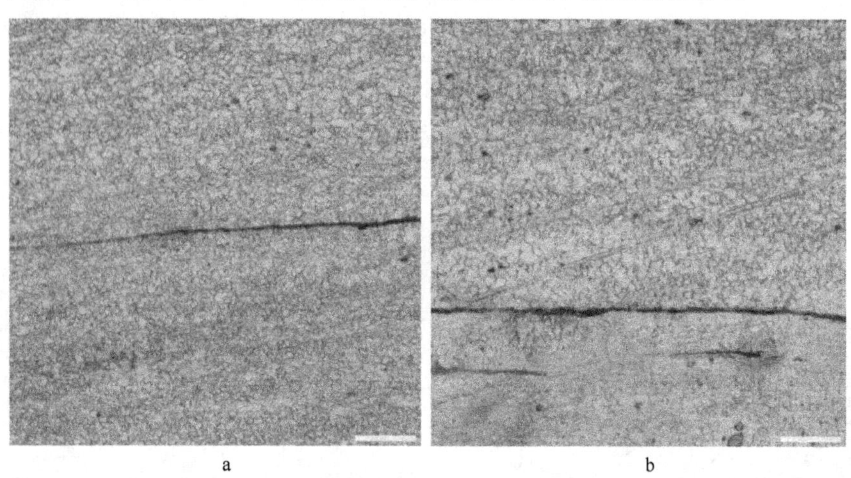

图 4-22 AZ31b 镁合金叠轧板带 2000 倍叠轧微观界面

a—叠轧界面有粘连；b—叠轧界面无粘连

在镁合金轧制过程中，当镁合金厚度达到 0.3mm 以下时，上下工作辊几乎完全贴靠。由于镁合金黏辊特别严重，导致了工作辊轴向摩擦系数差别较大，由此产生振动导致镁合金表面出现周期性的表面剥落和非剥落区相间的振动横纹，甚至是出现撕裂现象，如图 4-23 所示。

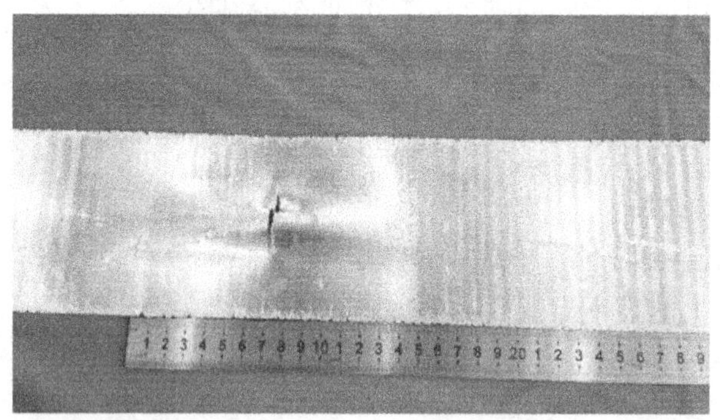

图 4-23 镁合金极薄带轧制时的周期性振动横纹和撕裂

因此，在极薄带和叠轧时有必要采取润滑措施，改善因镁合金黏辊导致的轧制缺陷，改善其温轧薄带材表面质量。

4.3.2 硅钢极薄板带温轧

采用微张力控制技术和锲形轧制技术，液压张力温轧机在单张极薄带轧制方面获得了成功，采用直径为90mm的工作辊轧制出0.05mm的薄带，打破了最薄不小于辊径千分之二的常识。

在武钢研究院的液压张力冷/温轧机上采用直径为90mm的工作辊，对含$w(\mathrm{Fe})=3.5\%$的Si合金进行微张力温轧，原料尺寸（$T \times W \times L$）：0.22mm×100mm×600mm，共进行了6个道次的轧制，终轧厚度：0.05mm，轧制规程如表4-9所示。带钢厚度测量如图4-24所示。

表4-9 极薄带硅钢温轧轧制规程

道次	辊缝 /mm	轧制力 /kN	轧制速度 /m·s^{-1}	左张力 /kN	右张力 /kN	加热温度 /℃	出口厚度 /mm
1	0.2	354	0.09	2.2	2.0	220	0.115
2	0.12	389	0.1	2.5	2.8	170	0.086
3	0.08	395	0.11	3.0	3.0	150	0.071
4	0.06	422	0.12	2.8	2.8	常温	0.064
5	0.04	434	0.13	2.6	2.6	常温	0.055
6	0.02	426	0.13	2.5	2.5	常温	0.051

a

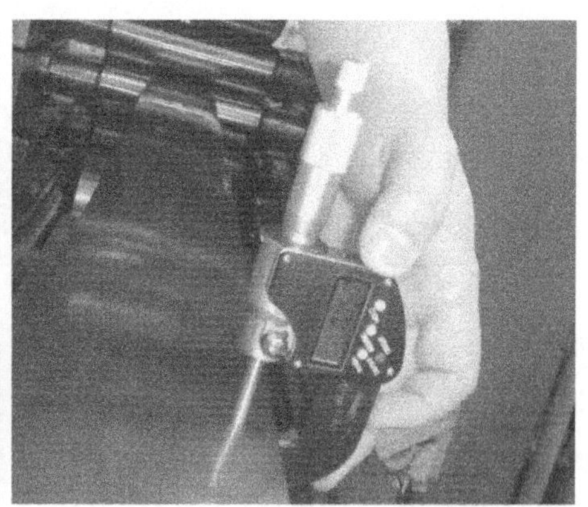

b

图4-24 硅钢极薄带轧制

a—极薄带轧制；b—极薄带测量

采用同样的原材料也进行了叠轧实验，获得了0.03mm的硅钢薄带，但是叠轧试样的结合面粗糙度较大，需要在叠片时涂上润滑剂。

4.4 本章小结

通过镁合金温轧实验，可以发现变形区温度和边裂、性能的关系，获得镁合金温轧的轧制温度工艺窗口。通过异步轧制实验及后续的微观组织观察，可以验证不同材料在不同程度的剪切变形条件下的组织及性能变化，为改善材料性能找到新的途径。液压张力温轧机还可以进行不同金属材料的极薄带轧制、叠轧以及复合轧制均可以在该轧机上进行，可谓多功能温轧实验机。

5 结　　语

液压张力温轧机是材料加工专业和各个研发机构、高校进行实验研究和新品种开发的重要设备。通过温轧实验研究轧制过程中金属塑性变形行为，组织性能变化，进而确定金属材料的制备工艺，对生产进行指导。总结液压张力温轧机的主要特点如下：

（1）对单片金属带材，采用低电压、大电流在线电阻加热的方式，实现温轧过程的加热功能，有单变压器和双变压器两种加热装置可供选择；采用接触式测温仪精确测量轧件的温度，解决了红外测温仪因黑度系数随温度波动而剧烈波动，进而造成测温失真的难题；特殊设计的温度控制器包括前馈和反馈两部分，前馈控制器综合计算轧制过程中，轧件长度、厚度和温度变化造成的轧件电阻变化引起的电流变化，提前给出控制量，提高了温度控制的响应速度和精度。

（2）温轧机通过三次改造升级，具备了大范围的张力控制能力，可实现从 1kN 到 50kN 的高精度张力控制。采用微张力温轧，可实现厚度小于 0.35mm 的镁合金薄板、厚度小于 0.05mm 的硅钢极薄带轧制，以及金属薄带的叠轧和复合轧制。

（3）在过程控制计算机上，所开发的轧制规程设定模型包括：变形抗力模型、摩擦系数模型、轧辊压扁半径模型、轧制力模型、轧制力矩及功率模型、前滑模型、轧机刚度模型和出口厚度计算模型，可用于计算薄板温轧规程中的辊缝、轧制速度、入口张力和出口张力设定值。通过研究轧辊温度、轧件温度、轧制速度、压下率和轧件厚度等工艺参数对变形区温度的影响规律，建立了变形区出口温度数学模型，据此计算轧件在线加热温度和轧辊加热温度。

（4）受限于液压张力温轧机紧凑的设备布局，无法安装测厚仪，因此开发了薄板温轧厚度软测量技术。该技术的关键参数是温轧过程中的宽展量，通过实验研究开发了与常规热轧不同的薄板温轧宽展模型，提高了厚度软测量精度。

（5）金属材料的晶粒细化对强度及韧性都有提高，也对改善综合性能有利。异步轧制对晶粒细化有较大作用，同时在减小轧制力和减薄轧制方面也有突出表现。因此，液压张力温轧机还设计了异步轧制功能。宝钢研究院温轧机采用了双电机实现异步轧制，可实现任意异步比的温轧实验；重科院液压张力温轧机采用更换异步齿轮的方式，异步比为固定值。两套设备在异步温轧工艺研究方面均发挥了重要作用。

参考文献

[1] 谢建新. 常温下难变形金属材料短流程高效制备加工技术研究进展[J]. 中国材料进展, 2010, 29(11): 1~7.

[2] Fu Huadong, Zhang Zhihao, Pan Hongjiang, et al. Warm/cold rolling processes for producing Fe-6.5wt% Si electrical steel with columnar grains [J]. International Journal of Minerals, Metallurgy and Materials, 2013, 20(6): 535~540.

[3] 谢建新, 付华栋, 张志豪, 等. 一种高硅电工钢薄带的短流程高效制备方法[P]. CN201010195520.4, 2010-05-31.

[4] Bolfarini C, Silva M C A, Jr A M J, et al. Magnetic properties of spray-formed Fe-6.5% Si and Fe-6.5% Si-1.0% Al after rolling and heat treatment [J]. Journal of Magnetism and Magnetic Materials, 2008, 320(1): 653~656.

[5] Li Haoze, Liu Haitao, Liu Yi, et al. Effects of warm temper rolling on microstructure, texture and magnetic properties of strip-casting 6.5 wt% Si electrical steel [J]. Journal of Magnetism and Magnetic Materials, 2014, 370(1): 6~12.

[6] Liu Haitao, Liu Zhenyu, Sun Yu, et al. Development of λ-fiber recrystallization texture and magnetic property in Fe-6.5 wt% Si thin sheet produced by strip casting and warm rolling method [J]. Materials Letters, 2013, 91(1): 150~153.

[7] Friedrich H, Schumann S. Research for a "new age of magnesium" in the automobile industry [J]. Journal of Materials Processing Technology, 2001, 117(1): 276~281.

[8] Li H, Liang Y F, Yang W, et al. Disordering induced work softening of Fe-6.5 w% Si alloy during warm deformation [J]. Materials Science & Engineering A, 2015, 628(1): 262~268.

[9] Fu H D, Zhang Z H, Yang Q, et al. Strain-softening behavior of an Fe-6.5 w% Si alloy during warm deformation and its applications [J]. Materials Science and Engineering A, 2011, 528(1): 1391~1395.

[10] 刘庆. 镁合金塑性变形机理研究进展[J]. 金属学报, 2010, 46(11): 1458~1472.

[11] Huang X S, Suzuki K, Chino Y. Annealing behaviour of Mg-3Al-1Zn alloy sheet obtained by a combination of high-temperature rolling and subsequent warm rolling[J]. Journal of Alloys and Compounds, 2011, 509(1): 4854~4860.

[12] 花福安, 李建平, 赵志国, 等. 冷轧薄板轧件电阻加热过程分析[J]. 东北大学学报(自然科学版), 2007, 28(9): 1278~1281.

[13] 孙涛, 李建平, 王贵桥, 等. 液压张力温轧实验轧机薄带在线加热温度控制[J]. 东北大学学报(自然科学版), 2016, 37(10): 1398~1402.

[14] 孙涛，王贵桥，吴岩，等．直拉式可逆冷轧实验轧机张力控制技术[J]．东北大学学报（自然科学版），2012，33(4)：529～530.

[15] Li Jianping, Sun Tao, Niu Wenyong, et al. Flow control of servo valves for tension cylinders based on speed feedforward[C]. Proceedings of the 31st Chinese Control Conference, 2012, 7615～7618.

[16] Zhang Dianhua, Zhang Hao, Sun Tao, et al. Monitor automatic gauge control strategy with a Smith predictor for steel strip rolling [J]. Journal of University of Science and Technology Beijing, 2008, 5(6): 827～832.

[17] Sun Tao, Wang Jun, Liu Xianghua. A method to improve the precision of hydraulic roll gap [C]. The 5th International Symposium on Advanced Structural Steels and New Rolling Technologies, 2008: 707～711.

[18] 方开泰，马长兴．正交与均匀试验设计[M]．北京：科学出版社，2001：35.

[19] 陈魁．试验设计与分析(第2版)[M]．北京：清华大学出版社，2005：72～140.

[20] 王茂银．AZ31镁合金轧制变形能力及机理研究[D]．重庆：重庆大学，2013.

[21] 许征．基于温轧实验机的温轧工艺数值模拟和实验研究[D]．沈阳：东北大学，2014.

[22] 郝志强．液压张力实验轧机带钢温轧工艺与宽展模型的研究[D]．沈阳：东北大学，2013.

[23] 兰勇军．带钢热轧过程中温度演变的数值模拟和实验研究[J]．金属学报，2001，37(1)：99～103.

[24] 熊尚武．带钢粗轧机组宽度变化规律的实验研究[J]．热加工工艺，1996，1：12～15.

[25] 冯贺滨．紧凑式轧机无孔型轧制轧件宽展模型的建立[J]．轧钢，2000，17(3)：18～29.

[26] 韩力．国产1700mm热连轧粗轧机组调宽轧制的工业实验[J]．钢铁，1999，34(4)：22～30.

[27] 王廷溥，齐克敏．金属塑性加工学—轧制理论与工艺[M]．北京：冶金工业出版社，2001：15～37.

[28] [美]V. B金兹博格．高精度板带材轧制理论与实践[M]．姜明东，王国栋，译．北京：冶金工业出版社，2000：189～201.

[29] 任勇，程晓茹．轧制过程数学模型[M]．北京：冶金工业出版社，2008：176～182.

[30] 王伟，连家创．用混合摩擦模型预报冷轧薄板轧制力[J]．钢铁研究学报，2000，12(1)：10～14.

[31] 胡贤磊，赵忠，矫志杰，等．中厚板厚度的在线软测量方法[J]．钢铁研究学报，2006，18(7)：55～58.

[32] 李海青，黄志尧．软测量技术原理及应用[M]. 北京：化学工业出版社，2000：111～125.

[33] 刘珍光．异步热轧工艺对容器钢组织性能影响研究[D]. 沈阳：东北大学，2013.

[34] 丁毅．异步轧制制备超细晶纯铁及其组织和性能研究[D]. 上海：上海交通大学，2009.

[35] 张文玉，刘先兰，陈振华．异步轧制 AZ31 镁合金板材的组织和晶粒取向[J]. 机械工程材料，2007，31(12)：19～23.

[36] 丁茹，王伯健，任晨辉，等．异步轧制 AZ31 镁合金板材的晶粒细化及性能[J]. 稀有金属，2010，34(1)：34～37.

[37] Somjeet Biswas, Dong-Ik Kim, Satyam Suwas. Asymmetric and symmetric rolling of magnesium: Evolution of microstructure, texture and mechanical properties[J]. Materials Science and Engineering A, 2012, 550: 19～30.

[38] L. L. Chang, S. B. Kang, J. H. Cho. Influence of strain path on the microstructure evolution and mechanical properties in AM31 magnesium alloy sheets processed by differential speed rolling[J]. Materials and Design, 2013, 44: 144～148.

[39] H. Watanabe, T. Mukai, K. Ishikawa. Differential speed rolling of an AZ31 magnesium alloy and the resulting mechanical properties[J]. Journal of Materials Science, 2004, 39: 1477～1480.

[40] Kim w J, Hwang b G, Lee m J, et al. Effect of speed-ratio on microstructure and mechanical properties of Mg-3Al-1Zn alloy in differential speed rolling[J]. Journal of Alloys and Compounds, 2011, 509: 8510～8517.

RAL · NEU 研究报告

（截至 2016 年）

No. 0003　1450mm 酸洗冷连轧机组自动化控制系统研究与应用
No. 0004　钢中微合金元素析出及组织性能控制
No. 0005　高品质电工钢的研究与开发
No. 0006　新一代 TMCP 技术在钢管热处理工艺与设备中的应用研究
No. 0007　真空制坯复合轧制技术与工艺
No. 0008　高强度低合金耐磨钢研制开发与工业化应用
No. 0009　热轧中厚板新一代 TMCP 技术研究与应用
No. 0010　中厚板连续热处理关键技术研究与应用
No. 0011　冷轧润滑系统设计理论及混合润滑机理研究
No. 0012　基于超快冷技术含 Nb 钢组织性能控制及应用
No. 0013　奥氏体-铁素体相变动力学研究
No. 0014　高合金材料热加工图及组织演变
No. 0015　中厚板平面形状控制模型研究与工业实践
No. 0016　轴承钢超快速冷却技术研究与开发
No. 0017　高品质电工钢薄带连铸制造理论与工艺技术研究
No. 0018　热轧双相钢先进生产工艺研究与开发
No. 0019　点焊冲击性能测试技术与设备
No. 0020　新一代 TMCP 条件下热轧钢材组织性能调控基本规律及典型应用
No. 0021　热轧板带钢新一代 TMCP 工艺与装备技术开发及应用
No. 0022　液压张力温轧机的研制与应用
No. 0023　超细晶/纳米晶钢组织控制理论与制备技术
No. 0024　搪瓷钢的产品开发及机理研究
No. 0025　高强韧性贝氏体钢的组织控制及工艺开发研究
No. 0026　超快速冷却技术创新性应用——DQ&P 工艺再创新
No. 0027　搅拌摩擦焊接技术的研究

（2017 年待续）